Berhanu Hiruy
Emana Getu

Pragas de insectos associadas ao milho armazenado e suas opções de gestão

Berhanu Hiruy
Emana Getu

Pragas de insectos associadas ao milho armazenado e suas opções de gestão

ScienciaScripts

Imprint

Any brand names and product names mentioned in this book are subject to trademark, brand or patent protection and are trademarks or registered trademarks of their respective holders. The use of brand names, product names, common names, trade names, product descriptions etc. even without a particular marking in this work is in no way to be construed to mean that such names may be regarded as unrestricted in respect of trademark and brand protection legislation and could thus be used by anyone.

Cover image: www.ingimage.com

This book is a translation from the original published under ISBN 978-3-659-96707-8.

Publisher:
Sciencia Scripts
is a trademark of
Dodo Books Indian Ocean Ltd. and OmniScriptum S.R.L publishing group

120 High Road, East Finchley, London, N2 9ED, United Kingdom
Str. Armeneasca 28/1, office 1, Chisinau MD-2012, Republic of Moldova, Europe
Printed at: see last page
ISBN: 978-620-8-01588-6

Copyright © Berhanu Hiruy, Emana Getu
Copyright © 2024 Dodo Books Indian Ocean Ltd. and OmniScriptum S.R.L publishing group

Índice

verão

O milho *(Zea mays* L.) é uma das culturas cerealíferas mais importantes do mundo, tanto para consumo humano como animal. É também o principal alimento de base em África, incluindo a Etiópia, e contribui significativamente para o sector agrícola. No entanto, a sua produção e rendimento na Etiópia, em particular, e em África, em geral, têm sido severamente afectados por uma série de limitações bióticas e abióticas. Entre as limitações bióticas, as pragas de insectos são as mais frequentemente consideradas. As mais importantes, que causam danos ao milho no campo e no armazém, são os lepidópteros que perfuram o caule e os escaravelhos do gorgulho, respetivamente. Além disso, as pragas de insectos de armazenagem em geral têm sido consideradas as mais prejudiciais, mesmo entre todos os factores bióticos e abióticos, causando cerca de 43% da perda física e nutricional total de cereais nos países em desenvolvimento, como a África Subsariana. Consequentemente, também na Etiópia, a segurança alimentar tem sido gravemente ameaçada por perdas pós-colheita excessivas de cereais, como o milho, causadas por insectos de armazenagem. Esta situação deve-se à falta de estruturas adequadas de armazenagem de cereais e de tecnologias de gestão da armazenagem. A armazenagem segura de cereais como o milho é, pois, crucial, uma vez que tem um impacto direto na redução da pobreza, na segurança alimentar e dos rendimentos e na prosperidade dos pequenos agricultores. Além disso, dado o elevado valor do milho e as suas perdas significativas, principalmente devido a pragas de insectos que afectam a segurança alimentar dos agricultores, é imperativo prestar mais atenção a cereais como o milho durante o armazenamento. Por conseguinte, é urgente manter a qualidade dos grãos armazenados, como o milho, e geri-los corretamente. A maioria dos pequenos agricultores em muitas partes de África pode utilizar pesticidas sintéticos. Mas, ao longo dos anos, têm sido associadas características negativas à sua utilização. Estas situações inspiraram, portanto, a procura de métodos de controlo alternativos seguros, eficazes, específicos para cada praga e rentáveis, incluindo pós inertes, plantas medicinais, resistência varietal, controlo biológico e outros. Por conseguinte, é urgente desenvolver uma abordagem alternativa e respeitadora do ambiente para controlar os insectos que atacam os cereais armazenados. Consequentemente, nos últimos anos, as novas possibilidades bio-racionais e outras supramencionadas para controlar as pragas de insectos dos cereais armazenados, como o milho, foram propostas como alternativa aos pesticidas químicos.

1. Introdução

O milho *(Zea mays* L.) é uma das culturas cerealíferas mais importantes do mundo, tanto para a alimentação humana como animal. É também conhecido como a rainha dos cereais devido ao seu potencial de rendimento muito elevado (Nand, 2015). Além disso, ocupa o terceiro lugar, depois do trigo e do arroz, em termos de área cultivada e produção total a nível mundial (Lale *et al.,* 2013). O principal produtor mundial de milho são os Estados Unidos, que produzem cerca de 40% da produção mundial total (Udoh, 2005). O milho é também um cereal de base para muitos grupos de pessoas na América Latina e na Ásia. Além disso, é o principal alimento de base em África, contribuindo significativamente para o sector agrícola (Tefera *et al*, 2011) e é a cultura de base, representando uma média de 32% das calorias consumidas na África Oriental e Austral, subindo para 51% em alguns países (FAOSTAT, 2010).

Também na África Subsariana, o milho é um dos cereais básicos mais importantes para o rendimento agrícola e a ingestão de calorias, representando quase 20% da oferta de alimentos à base de plantas (Jones *et al.,* 2011). Na África Subsariana, o milho é um alimento básico para cerca de 50% da população (Gianessi, 2014) e fornece 50% das calorias básicas (http://www.agrometeorology. org/files-folder/chapter13 gamp. pdf, acedido a 13/2/ 2013). Também na Etiópia, é uma das principais culturas cerealíferas cultivadas para alimentação humana e animal, lenha e construção, segundo Sori (2014). Além disso, é um dos mais importantes alimentos de base e culturas de rendimento que fornecem calorias aos consumidores e rendimentos aos comerciantes a nível nacional (Sori e Ayana, 2012). Por conseguinte, o aumento e a melhoria da produção e da utilização do milho têm sido sugeridos como uma das principais estratégias para mitigar o perigo da fome e da subnutrição que aparece perpetuamente em muitos países africanos, incluindo a Etiópia (Abalu, 1999). O aumento da produtividade e da produção de alimentos básicos, como o milho, é também essencial para aumentar os rendimentos rurais e estimular um crescimento económico de base ampla (Byerlee e Eicher, 1997). Consequentemente, até 2050, a procura de milho duplicará no mundo em desenvolvimento, prevendo-se que se torne a cultura mais importante produzida a nível mundial e em países em desenvolvimento como a Etiópia até 2025 (Rosegrant *et al.,* 2008).

No entanto, a sua produção e rendimentos na Etiópia em particular, e em África em geral, têm sido severamente afectados por uma combinação de restrições bióticas e abióticas (Tefera *et al.,* 2010; 2011). Entre os constrangimentos bióticos, as pragas de insectos são mais frequentemente consideradas como o principal agente responsável pelas perdas (Adams e Schulter, 1978). As pragas de insectos mais importantes que causam danos ao milho no campo e no armazenamento são os lepidópteros que perfuram o caule e os escaravelhos gorgulhos, respetivamente (Getu e Abate, 1999; Demissie *et al.,* 2008). Por outras palavras, as pragas de insectos mais importantes do milho do ponto de vista económico e consideradas como restrições bióticas na sua produção e armazenamento em África incluem a broca do caule no campo e o gorgulho do milho (MW) e a broca do grão (LGB) no armazenamento (pragas pós-colheita) (Tefera *et al.*, 2010). Além disso, as pragas de insectos no armazenamento são as mais prejudiciais, mesmo entre todos os factores bióticos e abióticos, causando cerca de 43% da perda física e nutricional total de grãos, incluindo o milho, em países em desenvolvimento como a África Subsariana (Chomchalow, 2003).

Consequentemente, também na Etiópia, entre outras coisas, a segurança alimentar tem sido gravemente ameaçada por perdas pós-colheita excessivas de cereais, como o milho, causadas por pragas de insectos de produtos armazenados, em situações de agricultura familiar e a nível nacional, principalmente causadas pelo gorgulho do milho e pela broca do grão de Angoumois (Worku *et al.*, 2012). Isto deve-se ao facto de os agricultores em África, em geral, e na Etiópia, em particular, utilizarem celeiros tradicionais para armazenar os seus cereais, que não são eficazes contra as pragas de armazenagem (Tefera *et al.*, 2011). A falta de estruturas adequadas de armazenamento de cereais e de tecnologias de gestão do armazenamento nos países acima mencionados obriga os produtores a vender a sua produção imediatamente após a colheita (Getu e Gebre-Amlak, 1995). Em consequência, os agricultores recebem preços de mercado baixos por qualquer excedente de cereais que possam produzir (Kimenju *et al.*, 2009). Isto também os leva a comprar de volta os cereais a um preço elevado apenas alguns meses após a colheita, caindo assim na armadilha da pobreza (Tefera e Abass, 2012). Este problema de pragas de insectos no armazenamento é ainda mais complicado pelo desenvolvimento das variedades híbridas de alto rendimento BH-660 e BH-140 pela investigação, que foram relatadas como sendo mais susceptíveis a ataques de pragas de insectos tanto no campo como no armazenamento (Demissie *et al.*, 2008).

Como resultado, os agricultores não beneficiaram do aumento da produção e do potencial de produtividade das novas variedades de cereais alimentares, como o milho (Tadesse, 1995; Demissie *et al.*, 2008).

Por conseguinte, a proteção das culturas contra estas perdas é um passo importante para garantir a segurança alimentar (Kamanula *et al.*, 2011). A análise dos números relativos à ajuda alimentar, à importação de alimentos e à segurança alimentar em relação às perdas pós-colheita também sugeriu que a redução das perdas de armazenamento poderia ter um impacto significativo na segurança alimentar e no rendimento agrícola sem aumentar a pressão sobre a terra (Tadesse *et al.*, 2008). Consequentemente, a redução das perdas pós-colheita de cereais alimentares, como o milho, devido a pragas de insectos de armazenagem é essencial para garantir a segurança alimentar e alimentar a população em constante crescimento dos países acima mencionados (Dejene, 2004). Além disso, dado o alto valor do milho e as suas perdas significativas, principalmente devido a pragas de insectos de armazenamento, que afectam a segurança alimentar das famílias, é imperativo prestar mais atenção a grãos como o milho, particularmente durante o armazenamento, a fim de torná-los disponíveis para uso durante todo o ano (Longe, 2010). Isto também pode aumentar os rendimentos e reduzir a insegurança alimentar entre os agricultores pobres da África subsariana, incluindo a Etiópia. Consequentemente, há uma necessidade urgente de manter a qualidade dos grãos armazenados, como o milho, e de os gerir corretamente (Upadhyay e Ahmad, 2011). Para tal, está atualmente disponível uma variedade de novas ferramentas para a tomada de decisões, a monitorização e o controlo biológico, químico e físico de pragas, que têm sido indicadas como abordagens cruciais na gestão de grãos armazenados, como as pragas de insectos do milho, de acordo com Hagstrum e Flinn, (2014). Consequentemente, o objetivo deste seminário é estimular e lembrar os investigadores, os decisores políticos e outros organismos relevantes a abordar a redução das perdas pós-colheita de milho e outros cereais devido a pragas de insectos de armazenamento, a fim de reduzir o problema da insegurança alimentar dos agricultores pobres na África subsariana. Consequentemente, esta área requer uma atenção especial, pelo que este documento analisa a origem e a importância dos grãos de milho, as condições de armazenamento do milho, as pragas de insectos associadas e a sua importância económica, bem como as opções de gestão.

2. A origem e a importância do grão de milho

Pensa-se que o milho *(Zea mays* L.) teve origem no México central há 7.000 anos a partir de uma erva selvagem que os ameríndios transformaram numa melhor fonte de alimento (Ranum *et al.,* 2014). O milho, que significa literalmente aquilo que sustenta a vida nas línguas asteca e maia, é a forma domesticada de uma estirpe de teosinte, uma erva selvagem natural nativa do México (Huang, 2006). Em termos nutricionais, o milho contém cerca de 72% de amido, 10% de proteínas e 4% de gordura, o que lhe confere uma densidade energética de 365 Kcal/100g (Ranum *et al.,* 2014). Tem também um teor mais elevado de proteínas e gorduras do que outros cereais. Contém também vitaminas do complexo B, tais como B1 (tiamina), B2 (niacina), B3 (riboflavina), B5 (ácido pantoténico) e B6, o que o torna recomendável para o cabelo, a pele, a digestão, o coração e o cérebro. Além disso, contém vitaminas A, C e K, bem como uma grande quantidade de beta-caroteno e uma boa quantidade de selénio, que ajudam a melhorar a glândula tiroide e desempenham um papel importante no bom funcionamento do sistema imunitário (Kumar e Jhariya, 2013).

Consequentemente, o milho *(Zea mays* L.) é uma das culturas cerealíferas mais importantes do mundo, tanto para alimentação humana como animal, incluindo aves de capoeira (Nand, 2015). Os Estados Unidos, a China e o Brasil são os três principais países produtores de milho do mundo (Ranum *et al.,* 2014). É também conhecido como a rainha dos cereais devido ao seu potencial de rendimento muito elevado (Nand, 2015). É cultivado na maior parte do mundo, numa vasta gama de condições ambientais, entre 50° de latitude norte e sul do equador (Nigussie *et al.,* 2002). Além disso, é a terceira cultura mais cultivada no mundo, depois do trigo e do arroz, em termos de área e produção total (Lale *et al.,* 2013), e cerca de metade é cultivada nos países em desenvolvimento, onde a sua farinha é um alimento básico para as pessoas pobres e os seus caules são utilizados como alimento para o gado na estação seca. É cultivada em quase 100 milhões de hectares nos países em desenvolvimento, com quase 70% da produção total proveniente de países de rendimento baixo e médio (FAOSTAT, 2010). É também conhecido por vários sinónimos, como zea, milho, milho-seda, etc., e é a cultura mais cultivada no mundo. Além disso, é valioso como matéria-prima para várias indústrias (Kumar e Jhariya, 2013). Para além da importância acima referida, o inevitável crescimento da população mundial e a gravidade do problema da insegurança alimentar em África (Nukenine, 2010), particularmente na África subsariana, conduzirão a uma procura crescente da produção e da produtividade de cereais como o milho (FAO, 2009). Consequentemente, o aumento e a melhoria da produção e da utilização do milho foram sugeridos como uma estratégia importante para aliviar o perigo da fome e da subnutrição que parece pesar perpetuamente em muitos países africanos, incluindo a Etiópia (Abalu, 1999). Como resultado, o milho desenvolveu-se rapidamente e transformou os sistemas de produção em África, tornando-se uma cultura alimentar popular e amplamente cultivada (McCann, 2005). Hoje em dia, é uma das principais culturas alimentares de base, cultivada numa variedade de zonas agro-ecológicas e sistemas agrícolas, e consumida por pessoas com diversas preferências alimentares e contextos socioeconómicos na África subsariana (Macauley, 2015). Além disso, entre os cereais, é o alimento básico mais importante, fornecendo alimentos e rendimentos a milhões de pequenos agricultores pobres em recursos na região da ESA (África Oriental e Austral) em geral e na Etiópia em particular (Tefera *et al.*, 2011). Além disso, é uma cultura alimentar básica que tem vindo a desempenhar recentemente um papel importante na segurança alimentar da Etiópia (Mitiku *et al.*, 2015).

Em geral, o milho, o teff *(Eragrostis tef)*, o sorgo, o trigo e a cevada, entre os cereais, e *a ensete (Ensete ventricosum)* (falsa banana), entre as raízes e tubérculos, fornecem as principais necessidades calóricas da dieta etíope (Abate *et al.*, 2015). No entanto, entre os cereais, o milho representa a maior parte da produção total e o número total de explorações agrícolas envolvidas no país. Por exemplo, cerca de oito milhões de pequenos agricultores estavam envolvidos na produção de milho em 2010/11, em comparação com 6,2 milhões para o teff e 5,1 milhões para o sorgo, e o milho representava 28% da produção total de cereais, em comparação com 20% para o teff e 22% para o sorgo (Demeke *et al.*, 2012). Por conseguinte, com a duplicação prevista da produção total em 2015, conforme estipulado no GTP (produto total bruto), a contribuição do milho como fonte de aumento da produtividade é vital na Etiópia (Worku *et al.*, 2012).

3. Condições de armazenamento do milho, pragas de insectos associadas e sua importância

3.1. Condições de armazenagem do milho

O armazenamento é um elemento do sistema pós-colheita através do qual os grãos alimentares, como o milho, passam no seu caminho desde o campo até ao consumidor (http://www.acdivoca.org/sites/default/files/attach/ Storage Handbook.pdf, acedido a 16/4/2016). É particularmente importante porque a maioria dos cereais, incluindo o milho, são produzidos numa base sazonal e em muitos locais há apenas uma colheita por ano, que pode ser deficitária (Proctor, 1994). É também particularmente importante no sector agrícola, porque a produção agrícola é sazonal, enquanto a procura de produtos agrícolas se distribui de forma mais uniforme ao longo do ano. Por conseguinte, é necessário satisfazer a procura média armazenando o excesso de oferta durante a época de colheita e libertando-o gradualmente no mercado durante os períodos de escassez (Okoruwa *et al.*, 2009).

A armazenagem permite, portanto, atenuar as flutuações da oferta no mercado de uma estação para outra e de um ano para outro, retirando os produtos do mercado durante as épocas de excedentes e recolocando-os no mercado durante as épocas de escassez (Proctor, 1994). Por conseguinte, estabiliza a variação intertemporal dos preços e, consequentemente, suaviza o rendimento dos agricultores (Komen *et al.*, 2006). Por outras palavras, é importante para manter uma oferta uniforme de alimentos para consumo, para o mercado interno e para exportação, e para fornecer um stock de reserva para eventos imprevistos, como secas, inundações e guerras (http://www.fastonline.org, acedido em 14/04/2016). Além disso, desempenha um papel importante na redução da insegurança alimentar dos agricultores rurais pobres, que pode ser criada por fornecimentos intermitentes de grãos alimentares (Tabitha *et al.*, 2013). Consequentemente, os cereais são armazenados pelos agricultores para fins de consumo e/ou sementes, e pelos comerciantes, bem como pelas agências de comercialização, para ganhos financeiros em geral (Chakraverty *et al.*, 2003).

Os períodos de armazenamento dos cereais em África variam geralmente entre 3 e 12 meses e a sua duração depende da zona agro-ecológica, do grupo étnico, da quantidade de produtos armazenados, das condições de armazenamento, da variedade da cultura armazenada, etc. (Nukenine, 2010). Os agricultores utilizam vários métodos e tipos de instalações para armazenar as suas culturas. Por exemplo, o milho pode ser armazenado com ou sem casca e, neste último caso, o milho é descascado manualmente em fases quando é necessário para consumo (venda). O milho também é descascado com máquinas alugadas, especialmente quando a produção é elevada (Gabriel e Hundie, 2006). Além disso, as estruturas utilizadas para o armazenamento de cereais dependem do nível de armazenamento: na exploração agrícola, na aldeia e na cidade (armazéns centrais). O armazenamento na exploração agrícola envolve indivíduos, enquanto o armazenamento na aldeia pode envolver indivíduos (celeiros familiares) ou um grupo de indivíduos (lojas comunitárias). As instalações de armazenamento urbanas e centrais incluem grandes armazéns e são geralmente propriedade de agências governamentais ou organizações não governamentais (nacionais ou internacionais) e são normalmente construídas com conhecimentos especializados de países desenvolvidos (Nukenine, 2010). Em geral, os cereais são armazenados em diferentes fases da cadeia de distribuição de cereais entre o produtor e o consumidor em unidades definidas, como sacos, silos, armazéns, contentores e até pilhas no chão (Jayas, 2012).

No entanto, a utilização de estruturas de armazenamento tradicionais e o armazenamento de cereais, como o milho, nas casas dos pequenos agricultores e dos agricultores de subsistência em África, resulta em perdas consideráveis. Em contrapartida, as tecnologias de armazenamento hermético, como os silos metálicos, que se diz não causarem perdas de armazenamento, são dispendiosas para o agricultor individual. Por conseguinte, existem custos e benefícios no armazenamento, independentemente da estrutura de armazenamento utilizada (Tabitha *et al.*, 2013). Como resultado, o armazenamento adequado de cereais continua a ser um desafio para os agricultores de subsistência na África subsariana, incluindo a Etiópia (Govender, 2008). Por outras palavras, os agricultores da África Subsariana não só enfrentam muitos constrangimentos na produção de culturas de base, mas também numerosos problemas de gestão dos cereais pós-colheita. Sem a capacidade de armazenar eficazmente os seus cereais de base, como o milho, a maior parte deles não consegue tirar partido dos aumentos de preços que ocorrem durante o ciclo de produção e passa frequentemente de vendedor a comprador de cereais durante a época de armazenamento. Isto enfraquece a sua segurança alimentar (Kadjo *et al.*, 2013). Por outras palavras, a falta de estruturas de armazenamento adequadas para os cereais e a ausência de tecnologias de gestão de armazenamento obrigam frequentemente os pequenos agricultores a vender os seus produtos imediatamente após a colheita. Como resultado, os agricultores recebem preços de mercado baixos por qualquer excedente de cereais que consigam produzir (Getu e Gebre-Amlak, 1995; Tefera *et al.*, 2011). Além disso, as condições climáticas tropicais e as instalações de armazenamento pouco higiénicas para cereais como o milho (que são altamente propícias ao crescimento e desenvolvimento de insectos) na África Subsariana também incentivam os ataques de pragas e agravam o problema (Talukder, 1995). Como resultado, os agricultores não estão a beneficiar do potencial das novas variedades de milho para aumentar a produção e a produtividade (Sori e Ayana, 2012). Além disso, a gravidade crescente dos problemas pós-colheita em África deve-se, em grande medida, à recente chegada de pragas exóticas mais nocivas e invasivas, como a broca do grão grande (LGB), e ao aumento da utilização de variedades de elevado rendimento que são susceptíveis a pragas de insectos de armazenagem (Phiri e Otieno, 2008). Por conseguinte, a armazenagem segura de cereais como o milho é muito importante, pois tem um impacto direto na redução da pobreza, na segurança alimentar e dos rendimentos e na prosperidade dos pequenos agricultores (Gitonga *et al.,* 2015).

3.2. Pragas de insectos associadas ao milho armazenado

As pragas de insectos que afectam os grãos armazenados, como o milho, são designadas por pragas de insectos pós-colheita ou pragas de insectos de armazenagem. Pertencem geralmente a dois grandes grupos ou ordens de insectos: Coleoptera e Lepidoptera (Getu e Abate, 1999). Destes dois grupos de insectos pragas, os escaravelhos, cujas larvas e adultos são responsáveis pelos danos (perdas), são mais diversificados e altamente destrutivos do que as traças, cujas lagartas são apenas a fase de vida prejudicial que causa os danos (Upadhyay e Ahmad, 2011). De acordo com Pedersen e Lee (1996), as espécies de ambas as ordens podem completar o seu ciclo de vida em menos de 30-35 dias e depositar numerosos ovos, resultando em populações em rápido crescimento que consomem e contaminam vários produtos armazenados, e sofrem metamorfose completa.

As pragas de insectos de armazenagem podem ser divididas em dois grupos: os insectos que se alimentam do interior (pragas primárias) e os que se alimentam do exterior (pragas secundárias ou insectos do farelo). Por outras palavras, os insectos que atacam e causam danos a grãos saudáveis (sãos), como o milho, são conhecidos como pragas primárias. Por outro lado, os insectos que atacam grãos já danificados e causam mais danos são chamados pragas secundárias (Navarajan Paul, 2007). No entanto, de acordo com Semple *et al* (2011), deve ser notado (enfatizado) que as pragas primárias não se referem necessariamente a pragas maiores, mas simplesmente implicam os processos dinâmicos envolvidos em que as pragas secundárias podem coabitar (seguir) as pragas primárias e infligir (causar) perdas graves e económicas, particularmente no armazenamento a longo prazo. Exemplos de pragas primárias incluem o gorgulho do milho, o gorgulho do arroz, a broca dos pequenos grãos e as larvas da broca dos grãos de Angoumois, enquanto exemplos de pragas secundárias incluem a traça indiana das farinhas, o escaravelho dos grãos, o escaravelho vermelho e confuso da farinha, o escaravelho plano dos grãos e a cadela (https://www.extension.entm.purdue.edu/publications/E-66.pdf, acedido em 21/5/2016). Além disso, existe ainda um terceiro grupo de insectos que infestam os grãos armazenados e que são conhecidos como comedores de bolor. Este grupo não danifica diretamente os grãos através da alimentação, mas contamina a massa de grãos através da sua presença e atividade metabólica (Mason e McDonough, 2012). Alimentam-se de bolores (fungos) que crescem em grãos armazenados com níveis de humidade excessivos (https://www.extension. entm.purdue.edu/publications/E-66.pdf, acedido em 21/5/2016). De acordo com Mason e McDonough (2012), a presença de bolor na massa de grãos geralmente indica que o grão está fora de condições e que ocorreu algum crescimento de bolor. Segundo ele, exemplos de comedores de bolor incluem besouros de grãos estranhos, besouros de grãos enferrujados, besouros de fungos peludos e psocídeos. Em geral, como mostra Obeng-Ofori

(2011), uma miríade de pragas de insectos ataca os cereais armazenados, como o milho, em África em geral e na África Subsariana, incluindo a Etiópia, em particular. Segundo ele, as pragas de insectos comuns associadas aos cereais armazenados, como o milho e as leguminosas, em África em geral e na África Subsariana, incluindo a Etiópia em particular, estão listadas no Quadro 2.

Quadro 2.3.1: Insectos pragas comuns de cereais e leguminosas armazenados em África.

Não	Nome científico	Família	Produtos atacados
Coleópteros			
1	*Lasioderma serricorne* (F.)	Anobiídeos	Algumas leguminosas e arroz
2	*Stegobium paniceum* (L.)	Anobiídeos	Certos cereais e leguminosas
3	*Araecerus fasciculatus* DeGeer	Bostrichidae	Certos cereais e leguminosas
4	*Prostephanus truncatus* (Horn)	Bostrichidae	Milho, mandioca seca, leguminosas
5	*Rhyzopertha dominica* (F.)	Bostrichidae	Cereais, leguminosas
6	*Dinoderus distinctus* (Lente)	Bostrichidae	Milho, mandioca seca
7	*Dinoderus minutus* (F.)	Bostrichidae	Milho, mandioca seca, madeira
8	*Dinoderus brevis* (Horn)	Bostrichidae	Milho, mandioca seca, madeira
9	*Acanthoscelides obtectus* (Say)	Bruchidae	Feijões, feijão-frade
10	*Bruchidius atrolineatus (Pica-pau)*	Bruchidae	Feijões, feijão-frade
11	*Callosobruchus chinensis* (L.)	Bruchidae	Impulsos
12	*Callosobruchus maculatus* (L.)	Bruchidae	Feijão-frade e alguns feijões
13	*Callosobruchus rhodesianus (Pica-pau)*	Bruchidae	*Impulsos*
14	*Callosobruchus subinotatus (Pica-pau)*	Bruchidae	*Legumes e feijões secos*
15	*Caryedon gonagra* (F.)	Bruchidae	Impulsos
16	*Zabrotes subfasciatus* (Boheman)	Bruchidae	Feijões, feijão-frade
17	*Cryptolestes ferrugineus* (Stephens)	Laemophloeidae	Cereais, farinha
18	*Cryptolestes pusillus* (Schonherr)	Laemophloeidae	Cereais, farinha, peixe seco

19	*Cryptolestes pusilloides* (Steel & Howe)	Laemophloeidae	Cereais, farinha
20	*Sitophilus oryzae* (L.)	Curculionídeos	Cereais e determinadas leguminosas
21	*Sitophilus zeamais* (Motschulsky)	Curculionídeos	Cereais e determinadas leguminosas
22	*Sitophilus granarius* (L.)	Curculionídeos	Cereais
23	*Trogoderma granarium* (Everts)	Dermestidae	Cereais, algumas leguminosas
24	*Carpophilus dimidiatus* (L.)	Nitidulidae	Milho,
25	*Tenebroides mauritanicus* (L.)	Trogossitidae	Cereais e determinadas leguminosas
26	*Oryzaephilus mercator* (Fauvel)	Silvanídeos	Cereais, amendoins
27	*Oryzaephilus surinamensis* (L.)	Silvanídeos	Cereais e determinadas leguminosas
28	*Cathartus quadricolis* (L.)	Silvanídeos	Cereais, sementes de cacau
29	*Tribolium castaneum* (Herbst)	Tenebrionidae	Cereais e leguminosas
30	*Tribolium confusum* Jaquelin du	Tenebrionidae	Cereais e amendoins
Lepidópteros			
31	*Sitotroga cerealella* (Azeitona)	Gelechiidiae	Cereais
32	*Corcyra cephalonica* Stainton	Pyralidae	Cereais, leguminosas, sementes de cacau
33	*Cadra cautella* (Walker)	Pyralidae	Cereais, leguminosas, sementes de cacau
34	*Ephestia elutella* (Hubner)	Pyralidae	Cereais
35	*Ephestia kuehniella* Zeller	Pyralidae	Cereais
36	*Apomyelois ceratoniae* Zeller	Pyralidae	Arroz, farinha, leguminosas
37	*Plodia interpunctella* (Hubner)	Pyralidae	Cereais e amendoins

Fonte: Obeng-Ofori, (2011).
Entre as espécies de insectos pragas acima mencionadas, a traça angoumoisina *(sitotroga cerealella)*,

a broca de grãos pequenos *(Rhizorpertha dominica)*, *a* broca de grãos grandes *(Prostephanus truncates)*, *o* gorgulho do arroz *(Sitophilus oryzae)* e o gorgulho do milho *(Sitophilus zeamais)* foram reconhecidos como um problema cada vez mais importante para a produção de milho em África (Abebe *et al.*, 2009). Além disso, de acordo com Getu (1993), o milho armazenado foi atacado (afetado) por numerosas pragas de insectos Coleópteros e Lepidópteros na Etiópia. Além disso, as pragas de insectos de armazenagem em geral têm sido consideradas as mais prejudiciais, mesmo entre todos os factores bióticos e abióticos, causando cerca de 43% da perda física e nutricional total de cereais, incluindo o milho, em países em desenvolvimento como a África Subsariana (Chomchalow, 2003). Além disso, demonstrou-se que afectam fortemente a produção e os rendimentos do milho na Etiópia, em particular, e em África, em geral, bem como as restrições abióticas (Tefera *et al.*, 2011).

3.3. Importância económica dos insectos pragas associados ao milho armazenado

As pragas de insectos pós-colheita associadas aos cereais, como o milho, são as primeiras forças invasoras a começar a interagir com os cereais. Consequentemente, são uma das principais ameaças à manutenção da qualidade dos grãos durante o armazenamento (Chakraverty *et al.*, 2003). Estão também entre os principais organismos responsáveis pela redução da quantidade, qualidade e potencial de germinação de grãos alimentares, como o milho, durante o armazenamento (Jayas e White, 2003). Além disso, são as mais prejudiciais de todas as outras pragas e as mais difíceis de controlar devido ao seu pequeno tamanho, comportamento alimentar e capacidade de atacar os grãos antes da colheita (Talukder, 2009). Como salienta Chimoya (2011), a maioria destes insectos pragas são cosmopolitas e polífagos no seu comportamento alimentar. De acordo com Pugazhvendan *et al* (2009), as razões para a sua presença generalizada vão desde adaptações evolutivas (morfológicas, fisiológicas e comportamentais) até às acções dos seres humanos que contribuem para o seu transporte mundial e fornecem um habitat protegido dentro dos géneros alimentícios armazenados. Este facto sempre agravou o problema da perda de alimentos, uma vez que tende a aumentar a incidência, bem como a gravidade, dos ataques (Chimoya, 2011).

Os insectos que atacam os grãos armazenados, como o milho, causam danos (perdas) nos grãos armazenados, principalmente ao alimentarem-se diretamente no campo e no armazenamento (Offor *et al.*, 2014). De acordo com Chakraverty *et al* (2003), à medida que se alimentam, também produzem finos e grãos partidos que reduzem o fluxo de ar através dos grãos quando são utilizados ventiladores de arejamento, e essa redução do fluxo de ar pode levar a um aumento da temperatura, agravando o problema. Como referem Santos *et al* (1990), alguns destes insectos alimentam-se do endosperma do grão, provocando perdas de peso e de qualidade, enquanto outros se alimentam do gérmen do grão, provocando uma germinação deficiente e uma redução da viabilidade da semente.

Consequentemente, os danos causados por esses insetos resultam em perda de valor dos grãos para comercialização, consumo e/ou plantio (Offor *et al.*, 2014). Para além do consumo direto, contaminam também o seu ambiente de alimentação através da excreção, da muda, da sua própria existência, deixando os seus cadáveres e fragmentos corporais, o que não é comercialmente desejável (Offor *et al.*, 2014). Além disso, também causam danos substanciais (perdas) aos grãos, deixando teias e odor ou sabor indesejável, como relatado por Sarwar, (2013). De acordo com Tefera *et al* (2010), na maioria dos casos, também predispõem os grãos armazenados, como o milho, ao ataque secundário de agentes patogénicos causadores de doenças. Por outras palavras, os insectos pragas de armazenamento, outros organismos que atacam os produtos armazenados (fungos, bactérias e ácaros) e os próprios grãos armazenados respiram (sofrem respiração). Durante a respiração, o oxigénio é consumido e produz-se dióxido de carbono, água e calor. Esta respiração acelera (aumenta) os níveis de dióxido de carbono, humidade relativa e temperatura, conduzindo a um processo conhecido como aquecimento dos grãos (pontos quentes) no ambiente de armazenagem. Estes pontos quentes, por sua vez, criam condições favoráveis ao desenvolvimento de fungos de armazenamento (Nukenine, 2010). De acordo com Brown *et al* (1995), a invasão severa por esses fungos de armazenamento também leva a uma deterioração quantitativa e qualitativa muito notável do grão (deterioração), incluindo baixo valor nutricional, bolor, sabor a mofo, produção de micotoxinas, odor desagradável, ranço, desprendimento de sementes e perda de peso do grão. Além disso, como salientam Mason e McDonoug (2012), a presença de insectos nos armazéns é uma grande preocupação, uma vez que podem transportar organismos patogénicos. Com efeito, muitos têm pêlos e reentrâncias nos seus exoesqueletos que podem atuar como vectores mecânicos de agentes patogénicos. Por exemplo, foi relatado que os gorgulhos do milho são portadores ou vectores de várias espécies de fungos, incluindo *A. niger, A. glaucus, A. candidus, Penicillium islandicum, P. citrinum F. semitectum* e leveduras (Smalley, 1989).

Em geral, como resultado de todos os efeitos acima referidos, os insectos pragas de armazenagem causam danos consideráveis aos grãos alimentares armazenados, como o milho. Estes danos assumem a forma de perda de peso, perda de nutrientes, redução da capacidade de germinação, desclassificação e redução do valor de mercado, contaminação e danos à estética do grão, deterioração das estruturas e contentores de armazenamento e propagação de agentes patogénicos e pragas (Ahmed, 2005).

Por conseguinte, em termos de importância económica global, as pragas de insectos de armazenagem, em primeiro lugar, e os fungos, em menor grau, reduzem a qualidade e o valor dos grãos armazenados. No entanto, as perdas devidas a roedores e aves são geralmente pouco frequentes e pouco significativas (http://www.pesticides.montana. edu/reference/documents/FumSeed.pdf, acedido em 25/4/2016). Consequentemente, a infestação por pragas de insectos no armazenamento de cereais como o milho, e os danos e perdas daí resultantes, representam uma grande ameaça à segurança alimentar, não só para os agricultores da África Subsariana, mas também em todo o mundo, particularmente nos países com poucos recursos (Obeng-Ofori, 2008). Consequentemente, as perdas pós-colheita de milho e outros cereais devido a pragas de insectos de armazenagem são reconhecidas como um dos constrangimentos críticos à segurança alimentar para os agricultores pobres em África, incluindo a Etiópia (Owusu *et al.*, 2007).

4. Opções de gestão dos insectos pragas do milho armazenado

Dado o elevado valor do milho e as suas perdas significativas devidas principalmente a pragas de insectos no armazenamento que afectam a segurança alimentar dos agricultores, é imperativo prestar mais atenção aos grãos durante o armazenamento (Longe, 2010). Por conseguinte, é urgente manter a qualidade dos grãos armazenados, como o milho, e geri-los corretamente (Upadhyay e Ahmad, 2011). Para este fim, os entomologistas modernos de produtos armazenados (grãos armazenados) têm muitas ferramentas à sua disposição que não estavam disponíveis para os pioneiros da proteção de produtos armazenados (Hagstrum *et al.* 2013). Consequentemente, está atualmente disponível uma variedade de novas ferramentas para a tomada de decisões, a monitorização e o controlo biológico, químico e físico das pragas, tal como referido por Hagstrum e Flinn (2014). Consequentemente, as seguintes opções (abordagens) são cruciais para uma gestão bem sucedida das pragas de insectos do milho em particular e de outros cereais alimentares em geral.

4.1. Controlo químico

Atualmente, são utilizados dois métodos químicos principais para controlar as pragas de insectos dos grãos armazenados, como o milho, nomeadamente a fumigação e a proteção dos grãos com insecticidas de contacto, de acordo com Kostyukovsky *et al* (2016).

Fumigação: os fumigantes são produtos químicos disponíveis sob a forma de gases, líquidos e formulações sólidas, mas que actuam no estado gasoso sobre as pragas de insectos de grãos armazenados, como o milho. São também produtos químicos tóxicos que matam as pragas de insectos sob a forma de um gás volátil (Chakraverty *et al.*, 2003). A fumigação é um dos métodos de gestão mais eficazes, em que as pragas de insectos são expostas a um ambiente gasoso tóxico através da aplicação de um fumigante para cereais. É aplicado em edifícios, armazéns, pequenos sacos, solo, sementes e produtos armazenados, e os fumos gerados pelos fumigantes entram no corpo do inseto através dos espiráculos e espalham-se pelas traqueias e traquéolas e ligam-se aos componentes da hemolinfa (Upadhyay e Ahmad, 2011). Consequentemente, a fumigação desempenha um papel fundamental na conservação dos cereais, uma vez que controla os insectos que crescem dentro e fora dos cereais, bem como as pragas rastejantes e ocultas (Chakraverty *et al.*, 2003). Atualmente, a fosfina e o brometo de metilo são os dois fumigantes habitualmente utilizados para a proteção de produtos armazenados em todo o mundo (Boyer *et al.*, 2012). Destes fumigantes, a utilização de brometo de metilo foi gradualmente eliminada nos países desenvolvidos devido aos seus efeitos de destruição da camada de ozono, e a fosfina é agora amplamente utilizada (Daglish *et al.*, 2014). Como resultado, a fosfina é o fumigante mais utilizado não só em África, mas em todo o mundo, devido ao seu baixo custo e facilidade de aplicação. É também o produto químico preferido para a desinfestação de rotina de cereais em países em desenvolvimento como a África subsariana, incluindo a Etiópia, onde outras técnicas alternativas, como o armazenamento em atmosfera controlada, são caras ou não podem ser facilmente adoptadas (Chakraverty *et al.*, 2003).

Utilização de insecticidas de contacto: os insecticidas de contacto são formulações sólidas ou líquidas de insecticidas artificiais, tóxicos para os insectos e que exercem o seu efeito quando os insectos prejudiciais aos cereais armazenados, como o milho, entram em contacto direto com eles. A maior parte destes produtos disponíveis para utilização pós-colheita foram originalmente desenvolvidos para proteger as culturas arvenses, tendo-se posteriormente revelado úteis para os produtos armazenados (Golob *et al.*, 2002). Desempenham um papel importante na conservação dos cereais, juntamente com outras medidas de controlo, higiene e saneamento. Os insecticidas matam os insectos já presentes e impedem a infestação cruzada e a reinfestação de cereais isentos de insectos (Chakraverty *et al.*, 2003). Os produtos químicos orgânicos sintéticos atualmente aprovados para utilização no controlo dos insectos que atacam os cereais armazenados pertencem a um de três grupos: organofosforados, carbamatos e piretróides sintéticos (Golob *et al.*, 2002). Estes insecticidas têm sido utilizados na gestão de grãos armazenados como tratamentos de mistura de grãos, tratamentos residuais de superfície e tratamentos espaciais (Proctor, 1994). Por exemplo, o malatião, o metoxicloro, o clorpirifos-metilo, as piretrinas sinérgicas, o pirimifos-metilo, o bromofos e o iodofenfos são alguns dos insecticidas utilizados no tratamento de superfície em diferentes países. Além disso, o malatião (8 g a.i./t), o pirimifos-metilo (4g/t), o clorpirifos-metilo (2,5g/t), a biorosmetrina (1,5g/t) e o diclorvos (10g/t) são utilizados para misturar insecticidas diretamente com os cereais, enquanto o diclorovos (DDVP) e a resina de diclorovos, que emitem vapores de insecticida lentamente, são utilizados em armazéns de cereais para controlar as moscas activas (Chakraverty *et al.*, 2003). Os compostos (insecticidas) atualmente aceites e as doses recomendadas para a sua aplicação como pós misturados com os cereais ou como tratamentos líquidos de superfície são apresentados no quadro 3, de acordo com Proctor (1994). No entanto, a utilização de insecticidas de contacto como protectores por mistura direta com os cereais diminuiu nos últimos anos, sendo provável que continuem a ser utilizados no armazenamento de cereais sob a forma de pulverizações residuais, névoas e aerossóis (Chakraverty *et al.*, 2003).

No entanto, nenhum dos produtos existentes satisfaz plenamente todos os critérios de utilização nos ecossistemas de armazenagem. Mas cabe ao utilizador selecionar o inseticida adequado que satisfaça a maioria destes requisitos específicos, nomeadamente: ser eficaz contra várias pragas de armazenagem; ter uma longa persistência em várias condições climáticas; ter baixa toxicidade para os mamíferos; não conduzir ao desenvolvimento de resistência dos insectos; não deixar resíduos nocivos nos produtos; não ter impacto nos odores e sabores dos produtos tratados; não reagir quimicamente com os ingredientes dos produtos armazenados (proteínas, gorduras, etc.); ser barato e fácil de utilizar

(Obeng-Ofori, 2011).São baratos e fáceis de utilizar (Obeng-Ofori, 2011). Por conseguinte, estes produtos químicos não têm um futuro muito promissor para os cereais alimentares, como o milho, e podem ser utilizados com restrições de perigo (Mohapatra *etal.*, 2015).

Quadro 4.1: Insecticidas recomendados para a gestão de grãos armazenados, como o milho, e respectivas taxas de aplicação.

Inseticida	Mistura de poeiras com cereais (ppm)	Tratamentos de superfície $(g/m)^2$	
		Paredes	Sacos
Malatião	8-12	1-2	1-2
Pirimifos metilo	4-10	0.5	0.5
Fenitrotião	4-12	0.5	0.5-1
Clorpirifos-metilo	4-10	0.5-1	0.5-1
Diclorvos	2-20*	0.5	
Metacrifos	5-15	0.2	0.4*
Lindano	0.5		
Piretrina/butóxido de piperonilo (1:5)	3	0.1	
Bioresmetrina (resmetrina)	2		
Fenotrina	5		
Permetrina	0.05-0.1	0.05-0.1	
Carbaril	5-10	1-2	
Bendiocarbe	0.1-0.2	-	
Dioxacarbe	0.4-0.8	-	
Propoxur	-	0.5	-

Fonte: Proctor, (1994): Proctor, (1994).

A maioria dos pequenos agricultores em muitas partes de África pode utilizar pesticidas sintéticos para proteger cereais, como o milho, de pragas de insectos de armazenamento (Mvumi e Stathers, 2003). Além disso, são considerados como a forma mais eficaz de proteger os produtos armazenados (Getu, 1999). Isto deve-se provavelmente ao facto de os esforços para intensificar a produtividade agrícola terem levado à introdução de novas variedades de culturas, como o milho, que, por sua vez, aumentam a utilização de pesticidas (Schreinemachers e Tipraqsa, 2012). No entanto, o desenvolvimento de técnicas baseadas em insecticidas sintéticos para a proteção de cereais em lojas tradicionais na Ásia e em África só foi parcialmente bem sucedido devido ao elevado custo e à indisponibilidade de insecticidas seguros para os agricultores de subsistência em África (Chigoverah *et al.*, 2014). A natureza de subsistência da agricultura, a fraca divulgação de informação e o fornecimento irregular de pesticidas sintéticos também foram indicados como razões para a relutância dos agricultores em adotar pesticidas sintéticos (Ogendo *et al.*, 2004). Além disso, a investigação demonstrou que os problemas associados à utilização de insecticidas sintéticos no controlo de pragas de insectos de cereais armazenados, como o milho, incluem a elevada persistência e a poluição ambiental associada, o elevado custo de aplicação, a toxicidade direta para os utilizadores, os efeitos adversos nos organismos benéficos e não-alvo e o aumento do risco para a segurança dos trabalhadores (Ofuya e Longe, 2009). Por outras palavras, ao longo dos anos, têm sido associadas características negativas à sua utilização, incluindo a presença de resíduos tóxicos nos produtos alimentares e o desenvolvimento de resistência nas espécies-alvo (Harish *et al.*, 2013). O seu uso indiscriminado também leva a um aumento das espécies de insectos secundários devido à destruição dos seus inimigos naturais no ecossistema de armazenamento, de acordo com Gu *et al.* (2008). Consequentemente, apesar da sua grande eficácia e das tecnologias desenvolvidas para a sua utilização, a gestão de pragas de insectos de cereais armazenados, como o milho, através de métodos químicos (fumigantes e pesticidas de contacto) tem inconvenientes fitossanitários, sanitários e ecológicos bem conhecidos, tal como referido por Kostyukovsky e Shaaya, (2012).

Todos os problemas acima mencionados com os insecticidas, bem como a possibilidade de utilização indevida de pesticidas, tornam-nos menos atractivos e exigem uma procura vigorosa de práticas alternativas de gestão das pragas (Owusu *et al.*, 2007). Estas situações inspiraram, portanto, a procura de métodos alternativos seguros, eficazes, específicos para cada praga e rentáveis, incluindo pós inertes, plantas medicinais, resistência varietal, controlo biológico e outros (Smith *et al.*, 2006). Consequentemente, há uma necessidade urgente de desenvolver uma abordagem alternativa e amiga do ambiente para controlar os insectos pragas dos cereais armazenados. Consequentemente, nos últimos anos, as novas possibilidades bio-racionais e outras acima mencionadas para controlar as pragas de insectos dos cereais armazenados têm sido propostas como alternativa aos pesticidas químicos (Kostyukovsky *et al.*, 2016).

4.2. Gestão com produtos vegetais naturais ou botânicos

Os tecidos das plantas superiores contêm redes de substâncias bioquímicas conhecidas como substâncias químicas secundárias das plantas (aleloquímicos), que têm uma função defensiva. Incluem compostos fenólicos, alcalóides, esteróides, saponinas, resinas, óleos essenciais, vários ácidos orgânicos e outros compostos, e podem ser agrupados em cinco categorias químicas principais: compostos azotados (principalmente alcalóides), compostos fenólicos, terpenóides, inibidores de proteinases e reguladores de crescimento. É sabido que podem atuar como kairomonas, alomonas, estimulantes ou dissuasores da alimentação e da oviposição, e como insecticidas e mimetizadores das hormonas dos insectos (Said e Pashte, 2015). Consequentemente, com base nestas actividades fisiológicas sobre os insectos, os componentes das plantas são convencionalmente classificados em 6 grupos, nomeadamente repelentes, deterrentes alimentares (antifeedantes), tóxicos, retardadores de crescimento, quimiosterilantes e atractivos, de acordo com Jacobson (1982).

Por conseguinte, os botânicos referem-se a produtos químicos dos tipos acima referidos que são produzidos por plantas e repelem os insectos que se aproximam, impedem a alimentação e a oviposição na planta ou perturbam o comportamento e a fisiologia dos insectos de várias formas (Shankar e Abrol, 2012). São também produtos vegetais (derivados de plantas) que contêm ingredientes activos para controlar as pragas de armazenagem, incluindo especiarias, plantas medicinais e outras plantas (Said e Pashte, 2015). Estas plantas pesticidas são utilizadas de duas formas principais na proteção pós-colheita; a primeira, que é adequada para os agricultores dos países em desenvolvimento e para a agricultura biológica, envolve a utilização direta de tecido vegetal ou de produtos vegetais em bruto, como extractos aquosos ou extractos de solventes orgânicos (Talukder, 2006). A segunda abordagem consiste em isolar, identificar e sintetizar quimicamente os compostos activos. Se possível, estes compostos ou os seus análogos activos são sintetizados e comercializados pela indústria química (Talukder, 2006). Estes últimos métodos sofisticados não são adequados para os agricultores de subsistência de pequena escala, mas poderiam eventualmente ter aplicações comerciais para o armazenamento em grande escala (Golob *et al.*, 2002).

A utilização de plantas para proteger os géneros alimentícios armazenados do ataque de insectos nocivos é muito antiga (Belmain e Stevenson, 2001). Por outras palavras, os agricultores locais misturaram principalmente folhas e pós com vários cereais, como o milho e as leguminosas, como agentes protectores em diferentes partes do mundo, particularmente na Índia, na China e na maioria dos países da África subsariana, incluindo a Etiópia (Phillips e Throne, 2010). A utilização destes materiais vegetais disponíveis localmente para a proteção de produtos armazenados é uma prática comum, e pensa-se que tem mais potencial nas condições de armazenamento das explorações agrícolas tradicionais e de subsistência nos países em desenvolvimento (Obeng-Ofori, 2007). Além disso, vários produtos destas plantas foram recentemente testados com um bom grau de sucesso como protectores contra um certo número de insectos pragas de cereais armazenados (Srinivasan, 2008). Também se demonstrou que são uma tecnologia adequada para os pequenos agricultores pobres em recursos (Isman, 2008), particularmente na África subsariana, devido às suas muitas vantagens em relação aos pesticidas sintéticos. Em particular, são um dos principais métodos disponíveis localmente e biodegradáveis (Mishra *et al.*, 2012). Além disso, são facilmente produzidos pelos agricultores e pelas pequenas indústrias e são potencialmente mais baratos (Nikkon *et al.*, 2009). Além disso, ao contrário dos pesticidas sintéticos, têm frequentemente vários modos de ação, e a sua toxicidade contra as pragas de insectos pode ser expressa por: (1) matando diretamente certas fases da vida do inseto, (2) interferindo com o acasalamento ou suprimindo a reprodução, (3) actuando como repelente ou afectando a procura e seleção de hospedeiros de forma a evitar a infestação, ou (4) reduzindo ou impedindo a alimentação. O facto de muitas plantas terem mais do que um modo de ação contribui para a sua eficácia na redução dos danos causados por insectos nocivos para os cereais alimentares, como o milho. Outra vantagem pode ser a redução do potencial de desenvolvimento de resistência dos insectos a uma planta com vários modos de ação (Golob *et al.*, 2002). A toxicidade para o ambiente ou para os vertebrados pode também ser menor quando os produtos botânicos se baseiam mais na ação anti-alimentar e repelente do que, por exemplo, na toxicidade direta para os insectos, ou seja, representam uma ameaça reduzida para o ambiente ou para a saúde humana (Dubey *et al.*, 2008). Também não são tóxicos para os organismos não visados (Rajashekar *et al.*, 2012). Como resultado, mantêm a diversidade biológica dos inimigos naturais, tornando a sua utilização uma alternativa sustentável para o controlo de pragas na agricultura (Sola *et al.*, 2014). Os agricultores com recursos limitados utilizam-nos geralmente sob a forma de extractos brutos, o que os expõe a concentrações mais baixas de ingredientes activos do que os pesticidas sintéticos (Isman 2008). A sua utilização bem sucedida também pode ajudar a controlar muitas das pragas e doenças destrutivas do mundo, bem como a reduzir a desertificação, a desflorestação e a erosão (Rajashekar *et al.*, 2012).

Consequentemente, a utilização de pesticidas verdes, nomeadamente para os cereais armazenados, como as pragas do milho, é recomendada em todo o mundo (Dubey *et al.*, 2008). No entanto, apenas algumas plantas são utilizadas comercialmente (Phillips e Throne, 2010), o que significa que apenas algumas plantas deram origem a grandes produtos pesticidas comerciais semelhantes aos produzidos pela indústria de pesticidas sintéticos. Os produtos de neem de *Azadirachta indica*, o piretro de *Tanacetum cinerariifolium* e a rotenona de *Derris* e *Lonchocarpus* spp. são exemplos comerciais de pesticidas botânicos que foram desenvolvidos e são comercializados a nível mundial (Sola *et al.*, 2014). Mas os agricultores de subsistência em toda a África subsaariana muitas vezes não têm recursos financeiros para comprar insecticidas comerciais de boa qualidade para proteger os seus alimentos armazenados, e o seu uso inadequado de pesticidas convencionais pode levar aos riscos acima mencionados para os seres humanos e o ambiente, como tentámos mencionar na Secção 3.1. Assim, os métodos tradicionais de armazenamento que utilizam materiais vegetais autóctones com propriedades insecticidas podem, se forem melhorados, oferecer um método de proteção de baixo custo, mais seguro e mais fiável, reduzindo simultaneamente a dependência crescente dos pesticidas convencionais. Consequentemente, a utilização de produtos vegetais como protectores poderia oferecer uma solução para os problemas de disponibilidade, riscos para a saúde, custos e resistência no caso dos pesticidas sintéticos, bem como para a falta de equipamento para a armazenagem hermética, a irradiação gama e as atmosferas controladas (Shankar e Abrol, 2012).

Contudo, os insecticidas botânicos colocam problemas de consistência (manutenção de um determinado padrão), segurança e, por vezes, de odor (Phillips e Throne, 2010). Os métodos tradicionais de preparação são frequentemente variáveis e conduzem a uma eficácia incoerente. Esta situação é agravada por diferenças inerentes às propriedades químicas das plantas, que podem ser variações genotípicas ou espácio-temporais causadas por factores abióticos como a altitude, a precipitação e o tipo de solo, ou diferentes propriedades químicas expressas em diferentes partes da planta (Belmain *et al.*, 2012). Estas diferenças inerentes e preparatórias significam que alguns agricultores podem ter um controlo muito bom das pragas utilizando uma determinada espécie de planta, enquanto outros não. Esta falta de uniformidade na eficácia continua a ser uma das principais dificuldades que impedem a exploração de plantas pesticidas (Sola *et al.*, 2014). Além disso, outros obstáculos incluem dúvidas sobre a sua eficácia devido à sua ação lenta e à falta de um efeito de eliminação rápido, à instabilidade dos ingredientes activos quando expostos à luz solar direta e ao elevado custo dos pesticidas botânicos formulados comercialmente (Obeng-Ofori, 2007). Assim, a promoção destas plantas medicinais, particularmente com aplicações optimizadas baseadas no conhecimento dos produtos químicos activos das plantas, beneficiaria grandemente os agricultores pobres em recursos na África Subsariana (Dubey, 2011). Os futuros esforços de investigação devem, por conseguinte, ser orientados não só para o desenvolvimento e a aplicação de plantas medicinais conhecidas, mas também para o rastreio de um maior número de plantas e para o isolamento de moléculas bioactivas novas e inéditas que tenham propriedades de controlo de pragas e possam servir de pistas para o desenvolvimento de pesticidas amigos do ambiente (Guleria e Tiku, 2009). Além disso, os esforços de investigação devem centrar-se não só na sua eficácia, mas também no seu modo de ação sobre os insectos, na toxicidade para os mamíferos, na germinação das sementes, no efeito sobre a qualidade nutricional, no crescimento das plântulas e na estabilidade dos compostos botânicos (Rajashekar *et al.*, 2012).

4.3. Gestão da resistência das variedades de cereais (utilização da resistência varietal)

A resistência das plantas ou do material vegetal (resistência da planta hospedeira (HPR)) aos insectos é definida como a quantidade relativa de qualidades hereditárias possuídas por uma planta ou pelo seu material (como, por exemplo, as suas sementes) que influenciam o grau final de danos causados pelos insectos (Mbata, 1997). Em termos de aptidão para a produção vegetal, também tem sido apresentada como a capacidade inerente das plantas cultivadas para restringir, atrasar ou superar infestações de pragas e, assim, melhorar o rendimento e/ou a qualidade do produto da cultura suscetível de ser colhido (Dent, 2000). No entanto, no caso de grãos armazenados, como o milho, a resistência refere-se à capacidade de uma determinada variedade de cultura produzir grãos que retêm melhor qualidade do que as variedades normalmente cultivadas após um longo armazenamento sob populações semelhantes de insectos (Mbata, 1987). Foram estudados três mecanismos de resistência: antibiose, não-preferência e tolerância. A antibiose refere-se a uma condição em que a biologia da praga é afetada depois de se alimentar da planta (a semente). A antibiose (não-preferência) representa uma situação em que a planta e a semente são indesejáveis como hospedeiros e as pragas pós-colheita procuram hospedeiros alternativos, enquanto a tolerância se refere a uma situação em que a planta (semente) é capaz de resistir ou recuperar de danos causados por pragas de insectos (Tefera *et al.*, 2011).

A investigação demonstrou que vários factores conduzem à produção de resistência à infestação por insectos-praga em grãos armazenados, como o milho (Ahmed e Yusuf, 2007). Estes factores incluem características físicas da semente, como a cor, a dureza do grão, a espessura da casca, as folhas da casca bem ajustadas e o tamanho da semente, entre outros (Ashamo, 2001). Além disso, foi relatado que a química secundária e outras características bioquímicas das cultivares de milho conferem resistência a pragas de insectos. Assim, em geral, foi relatado que os tipos de factores de resistência incluem características morfológicas e bioquímicas, e funcionam individual ou coletivamente (Wanja *et al.*, 2015). No entanto, os factores morfológicos e/ou físicos dos grãos justificam a propriedade de resistência contra os seus insectos-praga (Ahmed e Raza, 2010). No entanto, a resistência raramente é totalmente dependente de um único mecanismo; muitas vezes há sobreposições entre as bases morfológicas e bioquímicas da resistência (Dent, 2000). Por exemplo, a resistência no núcleo é devida a uma barreira física através da fortificação mecânica da parede celular do pericarpo e à antibiose através dos efeitos tóxicos das amidas de ácidos fenólicos e da atividade da peroxidase localizada na camada de aleurona (Garcia-Lara *et al.*, 2007). Além disso, a ação sinérgica dos dois factores acima referidos foi comunicada em diversas variedades de trigo, arroz e milho para as proteger contra *Tribolium castaneum*, *Rhizopertha dominica*, *Trogoderma granarium*, *Sitophilus* spp, *Plodia interpunctella* e *Sitotroga cerealella* (Shafique e Chaudry, 2007).

No entanto, a criação de resistência a pragas de insectos de grãos armazenados foi inicialmente (no passado) ignorada, provavelmente devido ao longo tempo entre o estabelecimento da cultura e o rastreio da resistência pós-colheita e ao elevado custo envolvido (Mwololo *et al.*, 2010). No entanto, devido à utilização generalizada de insecticidas e aos riscos associados, foi recentemente recomendado como um método de controlo alternativo, como se mostra na secção 3.1. Na verdade, é seletivo (Kanyamasoro *et al.*, 2012), o método mais barato, mais eficaz e ambientalmente seguro de proteger cereais como o milho contra pragas de insectos em África (Tefera *et al.*, 2011). Também evita riscos para a saúde e requer pouco ou nenhum conhecimento científico por parte dos agricultores (Ahmed e Yusuf, 2007). Além disso, permite manter níveis elevados de resistência durante um longo período, apesar do recrudescimento dos biótipos (Mwololo *et al.*, 2012). Por conseguinte, é evidente que a criação de resistência pós-colheita a pragas de insectos é importante tanto para os pequenos como para os grandes agricultores (Ahmed e Yusuf, 2007) e que a utilização de variedades resistentes é crucial para a conservação dos cereais, particularmente nas zonas tropicais (Nwankwo *et al.*, 2014), incluindo a Etiópia.

4.4. Métodos de controlo físico

Os métodos físicos referem-se à proteção de grãos armazenados, como o milho, contra a devastação de organismos de deterioração (como insectos, ácaros e microrganismos) por meios físicos, como a manipulação da temperatura, a atividade da água e a composição atmosférica; a aplicação de pós inertes e a separação e remoção mecânica de pragas de insectos (Abd EL-Aziz, 2011). Estes métodos eram utilizados mesmo antes da introdução de produtos químicos de proteção e fumigantes. A maior parte dos seus tratamentos são processos sem resíduos e, por conseguinte, a qualidade dos grãos, como o milho, não é geralmente afetada. No entanto, são geralmente mais caros do que os produtos químicos, mas alguns deles já estão a ser utilizados comercialmente, enquanto outros ainda têm de ser aplicados judiciosamente (Chakraverty *et al.*, 2003).

Saneamento e exclusão: como assinalam Chakraverty *et al* (2003), antes da colocação de silos ou da construção de pilhas de sacos, as instalações de armazenagem devem ser cuidadosamente limpas para eliminar os insectos que se reproduzem nas varreduras, nos derrames e nos resíduos de cereais. Na sua opinião, a higienização das instalações é parte integrante das estratégias de proteção. Além disso, para os cereais armazenados a granel, é imperativo que os produtos recém-colhidos sejam armazenados em silos limpos (Phillips e Throne, 2010). A limpeza em torno das instalações de armazenamento também é importante e, por conseguinte, as ervas daninhas e os materiais indesejáveis em torno das instalações de armazenamento devem ser removidos ou destruídos, uma vez que albergam pragas, em especial vertebrados. O estado sanitário dos cereais, como o milho, tem uma grande influência no seu tempo de armazenamento, pelo que as impurezas, o pó e os insectos presentes nos cereais devem ser removidos por peneiração mecânica ou aspiração (Chakraverty *et al.*, 2003). Além disso, o equipamento de colheita e os contentores de transporte devem estar tão limpos quanto possível antes da colheita e da armazenagem da nova colheita. Além disso, a exclusão eficaz de insectos dos produtos armazenados em estruturas de armazenamento como silos, instalações de processamento e embalagens de alimentos acabados pode evitar a infestação. Os telhados e as paredes laterais das estruturas de armazenamento devem ser estanques para evitar a entrada de insectos, bem como os danos causados pela humidade e o desenvolvimento de bolores em consequência de fugas de água devido à chuva. As telas das janelas e portas que dão para o exterior dos edifícios, bem como as que ligam as principais áreas de processamento, armazenamento a granel e armazenamento de um edifício ou complexo de edifícios, devem estar em boas condições para reduzir o movimento de pragas de insectos (Phillips e Throne, 2010).

Gestão da temperatura (controlo térmico): os insectos de grãos armazenados, que são poiquilotérmicos, são sensíveis a mudanças significativas de temperatura no ambiente (Chakraverty *et al.*, 2003). Por conseguinte, podem ser geridos através da manipulação da temperatura do seu ambiente (Abd EL-Aziz, 2011). °A taxa máxima de crescimento e reprodução da maioria dos insectos situa-se entre 25 e 33 C; no entanto, o aumento ou a diminuição das temperaturas fora deste intervalo ótimo resulta num atraso do desenvolvimento, numa redução da reprodução e na mortalidade no final (Chakraverty *et al.*, 2003). Além disso, a maioria dos insectos que atacam os produtos armazenados não toleram temperaturas extremas, nem o aquecimento nem o arrefecimento, e apresentam uma mortalidade elevada. Por exemplo, o sobreaquecimento dos grãos alimentares oferece uma proteção adicional sem tratamento inseticida e as temperaturas dos grãos aumentadas para 55-65°C durante 10-12 horas podem matar eficazmente todas as fases de vida dos insectos pragas de grãos armazenados em armazéns (Upadhyay e Ahmad, 2011). Do mesmo modo, uma temperatura abaixo da gama acima referida reduz o desenvolvimento dos insectos e, assim, prolonga o tempo antes de as populações aumentarem ao ponto de causarem danos significativos (Abd EL-Aziz, 2011). As baixas temperaturas não só reduzem o desenvolvimento dos insectos, como também matam um grande número de pragas de insectos nos estádios imaturos dos grãos armazenados, como o milho, tendo assim um efeito a longo prazo nos grãos armazenados e mantendo-os a salvo da infestação de insectos. Assim, uma das chaves para a gestão de pragas de insectos de grãos armazenados, como o milho, é uma boa gestão da temperatura, de modo a que a massa de grãos seja arrefecida uniformemente e se deixe aquecer muito lentamente (Upadhyay e Ahmad, 2011). Nesta perspetiva, por exemplo, o arejamento, cujo principal objetivo é reduzir a temperatura dos grãos armazenados a granel, tem sido utilizado, nomeadamente como prática corrente nos países industrializados. Trata-se do movimento forçado do ar atmosférico através dos cereais armazenados, por meio de um ventilador. Além disso, a refrigeração ou o arejamento dos cereais com ar frio são igualmente praticados nos países temperados durante o verão e nas regiões de clima tropical em todas as estações (Chakraverty *et al.*, 2003).

Em geral, o controlo térmico oferece uma série de vantagens, incluindo a segurança ambiental, a não necessidade de registo ou de licenças especiais para aplicação e, tanto quanto sabemos, o não desenvolvimento de resistência por parte dos insectos-praga (Hagstrum *et al.*, 2012). No entanto, uma série de desafios impede a adoção generalizada destas técnicas, incluindo a necessidade de um investimento significativo (refrigeradores de grãos ou aquecedores), os tratamentos podem ser limitados a determinadas épocas do ano (inverno para o arejamento, verão para os tratamentos térmicos), e o equipamento ou produtos podem ser danificados por temperaturas extremas se as técnicas forem utilizadas incorretamente, de acordo com Phillips e Throne, (2010).

Irradiação: a irradiação ionizante para controlar insectos em grãos armazenados, como o milho, tem sido estudada desde a década de 1950 (Chakraverty *et al.*, 2003). Foram utilizados dois métodos de irradiação para controlar os insectos prejudiciais aos grãos armazenados, como o milho: radiação gama e radiação beta. A primeira pode ser produzida por um isótopo radioativo, como o cobalto-60, enquanto a segunda pode ser gerada eletricamente por um feixe de electrões (Upadhyay e Ahmad, 2011). A radiação danifica os insectos pragas provocando a produção de radicais livres ou iões altamente reactivos e provocando também a quebra de ligações químicas com os organismos (insectos). A esterilização de muitas espécies de insectos pragas pode ser conseguida com doses mais baixas, enquanto a morte imediata de insectos em grãos armazenados pode exigir doses mais elevadas (Abd EL-Aziz, 2011). Por exemplo, os escaravelhos ferrugíneos são esterilizados com apenas 0,6 kGy (kilogrey), mas os escaravelhos de dente de serra e de farinha vermelha requerem uma dose de 2,0 kGy (Banks e Fields, 1995). O tratamento por irradiação provoca, portanto, a mortalidade e a esterilidade dos insectos pragas dos cereais, e a sua principal vantagem é não deixar resíduos químicos (Chakraverty *et al.*, 2003). Trata-se, portanto, de um método ecológico de controlo das pragas de insectos dos cereais armazenados que é eficaz em armazéns (Upadhyay e Ahmad, 2011). No entanto, o tratamento é um trabalho altamente técnico, e o público ainda desconfia dos alimentos irradiados e dos grãos alimentares. Além disso, existem quatro instalações-piloto de irradiação no mundo e apenas uma num país em desenvolvimento (Indonésia) (Chakraverty *et al.*, 2003). A irradiação de grãos armazenados pode também ser efectuada utilizando radiações não ionizantes, como as radiofrequências, as micro-ondas ou os raios infravermelhos, que não quebram as ligações, mas aquecem essencialmente o produto e os insectos através da vibração das ligações na água. No entanto, não existem unidades comerciais (Hagstrum *et al.*, 2012).

Atmosferas controladas e modificadas (C e MA): a atmosfera normal do grão é composta por 78% de azoto, 21% de oxigénio, 0,03% de dióxido de carbono, e o equilíbrio destes gases pode ser alterado quer naturalmente, como no armazenamento hermético, quer por meios artificiais, introduzindo dióxido de carbono ou azoto e gás queimador no armazenamento hermético para controlar as pragas de insectos dos grãos armazenados, como o milho, tal como relatado por Chakraverty *et al.* (2003). Nos métodos de atmosfera modificada, como o armazenamento hermético, o esgotamento do oxigénio e o aumento do dióxido de carbono são causados pelas actividades respiratórias do grão, bem como pelas pragas do ecossistema, e o grau de controlo depende da retenção da atmosfera inseticida, que depende da estrutura de armazenamento e da sua hermeticidade. É inevitável um certo nível de danos nos grãos (Chakraverty *et al.*, 2003). No entanto, nos métodos de atmosfera controlada (AC), a composição alterada do gás é geralmente produzida artificialmente e mantida inalterada pela adição de gases desejados (CO2 ou azoto, N2) fornecidos por cilindros pressurizados ou outros meios (Hagstrum *et al.*, 2012). Estes métodos são praticados há séculos e têm sido promovidos nos últimos anos como um substituto bio-racional das fumigações químicas (Phillips e Throne, 2010). Além disso, embora estes métodos estejam bem estabelecidos para o controlo de pragas de armazenagem, a sua utilização comercial continua limitada a alguns países (Hagstrum *et al.*, 2012).

Poeiras inertes: são poeiras que não são quimicamente reactivas e, por conseguinte, são utilizadas para controlar os insectos em grãos armazenados, como o milho, matando-os por meios físicos e não químicos (Abd EL-Aziz, 2011). Actuam como dessecante, absorvendo a água do corpo do inseto e podem também ter uma ação abrasiva (Upadhyay e Ahmad, 2011). A água é perdida porque os pós removem a camada cerosa da cutícula do exoesqueleto por adsorção. Estes materiais são mais eficazes quando aplicados como poeiras, mas alguns mantêm a sua atividade mesmo quando aplicados como uma pasta à base de água (Golob, 1997). Como resultado, os insectos revestidos com pós inertes sofrem uma desidratação maciça e morrem muito rapidamente (Upadhyay e Ahmad, 2011). Além disso, a utilização de materiais quimicamente inertes, como cinzas de madeira, areia ou outros minerais em grandes quantidades, preenche o espaço intersticial nos grãos a granel e constitui uma barreira ao movimento dos insectos (FAO, 1999). De acordo com Golob (1997), existem cinco tipos de poeiras inertes: (a) poeiras não siliciosas (por exemplo, calcário, cal, katelsons); b) cinzas, argilas, areia; c) terras de diatomáceas, que são diatomáceas fossilizadas de origem marinha ou de água doce e são compostas principalmente por sílica hidratada amorfa; d) silicatos sintéticos e sílicas precipitadas; e e) aerogéis de sílica obtidos por secagem de soluções aquosas de silicato de sódio.

O efeito das poeiras inertes é a dessecação, pelo que a sua eficácia diminui com o aumento da humidade relativa (Abd EL-Aziz, 2011). Também actuam lentamente, levando 20 dias ou mais para causar a mortalidade dos insectos. Além disso, afectam a densidade aparente dos grãos, a fluidez e as propriedades de manuseamento dos grãos, e as poeiras que contêm sílica cristalina podem causar silicose e outras doenças respiratórias (Chakraverty *et al.*, 2003). Como a densidade aparente é atualmente um fator importante na determinação da qualidade dos grãos, as poeiras podem levar a uma redução do valor monetário dos grãos, mesmo que o seu valor nutricional ou funcional não tenha sido alterado. No entanto, a principal vantagem da sua utilização é o facto de não serem tóxicas para os seres humanos e os animais. Por exemplo, a terra de diatomáceas está registada como aditivo alimentar nos Estados Unidos (Abd EL-Aziz, 2011).

Existe uma quantidade considerável de dados históricos sobre as poeiras dessecantes e os seus efeitos insecticidas sobre os insectos dos produtos armazenados (Subramanyam *et al.*, 1994). No entanto, a maior parte das primeiras formulações não foram largamente aceites pelas indústrias cerealíferas dos países desenvolvidos por diversas razões, incluindo as elevadas taxas de mortalidade exigidas, a variação da toxicidade entre espécies-alvo, os danos causados ao equipamento de manuseamento de cereais e os problemas de saúde associados à exposição dos trabalhadores às poeiras (Arthur, 1997). Com as actuais preocupações sobre a resistência dos conservantes e o desejo dos consumidores de obterem cereais sem resíduos, estas poeiras têm sido objeto de um maior escrutínio (Arthur, 1997). Consequentemente, mais recentemente, materiais como a terra de diatomáceas e os aerogéis de sílica foram desenvolvidos e utilizados cada vez mais em armazéns comerciais nos países desenvolvidos, substituindo os produtos químicos convencionais. Isto significa que os materiais inertes à base de sílica, como os aerogéis de sílica e a terra de diatomáceas, demonstraram ser altamente eficazes em pequenas quantidades, e esta informação é essencial para estabelecer uma estratégia de gestão sustentável contra as pragas de insectos do milho (Demissie *et al.*, 2008). No entanto, os silicatos sintéticos fabricados para fins industriais têm um teor muito elevado de dióxido de silício e são muito caros. Por conseguinte, não são adequados para serem utilizados como produtos de proteção de cereais em pequena escala pelos agricultores (Golob *et al.*, 2002). Assim, a identificação de materiais inertes úteis disponíveis localmente, tais como terra de diatomáceas, contra pragas de armazenamento de milho poderia dar um contributo importante para a gestão de pragas na Etiópia em particular e em África em geral.

4.5. Controlo biológico

A luta biológica refere-se à luta contra os insectos nocivos através da ação de predadores, parasitóides e agentes patogénicos (Chakraverty *et al.*, 2003).

Gestão através da utilização de parasitóides e insectos predadores: a eficácia dos parasitóides e predadores no controlo das pragas de armazenagem foi demonstrada por investigação realizada em diferentes momentos. Os parasitóides himenópteros são os mais frequentemente utilizados para reduzir a infestação e os danos causados por insectos pragas de grãos armazenados, como o milho (Upadhyay e Ahmad, 2011). Várias espécies de vespas da família Pteromalidae são parasitóides ecto-solitários de espécies de escaravelhos que infestam os cereais e se alimentam a partir do seu interior. Do mesmo modo, várias espécies de vespas das famílias Ichneumonidae e Braconidae são ecto- e endo-parasitóides associados a Lepidoptera (Phillips e Throne, 2010). Por exemplo, dois parasitóides comuns que têm sido utilizados em produtos armazenados são *Bracon hebetor* Say (Braconidae) e *Venturia canescens* (Gravenhorst, Ichneumonidae). Além disso, predadores como o percevejo hemíptero *Xylocoris flavipes* (Reuter) e vários outros percevejos antocorídeos da subfamília Lyctocorinae (incluindo o percevejo predador polífago Lyctocoris *campestris'*) são mais frequentemente utilizados para controlar as pragas de insectos em armazéns (Upadhyay e Ahmad,

2011). O primeiro foi relatado como um predador cosmopolita de muitas espécies de pragas de produtos armazenados, nomeadamente *T. castaneum*, *T. confusum*, *Crytolestes pusillus*, *Rhizopertha dominica* e *Trogoderma granarium* (Abd El-Aziz, 2011). Este hemíptero é um agente promissor para o controlo de insectos coleópteros e lepidópteros em armazéns e ataca a maioria dos estádios destas espécies. Tem uma grande capacidade de aumentar o seu número de forma a reduzir a população quando as presas são escassas. No entanto, embora se tenha revelado eficaz contra muitos insectos não protegidos que não conseguem penetrar em materiais duros como as sementes, é ineficaz contra os gorgulhos (Upadhyay e Ahmad, 2011). Vários outros estudos produziram resultados semelhantes, sugerindo que estes inimigos naturais devem proporcionar um controlo eficaz das pragas de armazenagem. No entanto, estas experiências foram realizadas em condições laboratoriais, em que os produtos, os recipientes ou as estruturas de armazenagem e o número de insectos pragas foram rigorosamente controlados (Abd El-Aziz, 2011). Assim, vários parasitóides, predadores, agentes patogénicos e outros organismos vivos devem ser utilizados em condições naturais para um controlo altamente eficaz dos insectos dos grãos armazenados (Upadhyay e Ahmad, 2011).

Gestão com insecticidas microbianos: os insecticidas microbianos contêm microrganismos ou os seus subprodutos (Abd El-Aziz, 2011). Estes insecticidas microbianos são biopesticidas compostos por uma espécie particular de micróbio, geralmente produzindo uma ou mais toxinas que matam a praga (Hertlein *et al.*, 2011). De acordo com Weinzierl *et al.* (1989), são formulados para aplicação sob a forma de pós insecticidas convencionais, líquidos de imersão, concentrados líquidos, sprays, pós molháveis ou grânulos. Os entomopatógenos têm sido utilizados para controlar pragas de invertebrados de produtos armazenados e outras áreas, como estufas, culturas em linha, pomares, plantas ornamentais e silvicultura (Mahdneshin *et al.*, 2009), mas nenhum é utilizado habitualmente devido a uma eficácia de largo espetro insuficiente (Phillips e Throne, 2010). A estirpe mais eficaz contra insectos de grãos armazenados é a toxina Bt produzida por *Bacillus thuringensis* (Upadhyay e Ahmad, 2011). Verificou-se que a Bt é geralmente mais eficaz contra Lepidoptera e Diptera, mas a sua eficácia continua a ser fraca em comparação com os insecticidas convencionais. Esta falta de eficácia limita a utilização de agentes patogénicos em aplicações comerciais. O Bt foi registado para controlar Lepidoptera em produtos armazenados durante décadas, mas raramente foi utilizado porque não controla as pragas de escaravelhos, de acordo com Phillips e Throne (2010). Além disso, isolados de quatro espécies de fungos, *Beauveria bassiana*, *Lecanicillium lecanii*, *Metarhizium anisopliae* e *Paecilomyces farinosus*, foram testados contra a traça-das-farinhas-da-índia e todos foram patogénicos, de acordo com Buda e Peciulyte, (2008). Além disso, foi descrito um vírus da granulose eficaz específico de *P. interpunctella*. Foram também realizados numerosos testes para sinergizar os agentes patogénicos com outras tecnologias de controlo, em especial as susceptíveis de aumentar a eficácia dos agentes patogénicos (Phillips e Throne, 2010). Por exemplo, para um controlo mais eficaz, certas plantas foram misturadas com dois entomopatogénios microbianos (*Bacillus thuringiensis* e *Beauveria bassiana*) em três insectos de produtos armazenados, *Plodia interpunctella, Ephestia cautella* e *Ephestia kuehniella*. Estes (extractos botânicos) mostraram uma melhoria significativa no poder de matar os agentes patogénicos e causaram uma mortalidade maciça em insectos de grãos armazenados (Upadhyay e Ahmad, 2011).

Em geral, a utilização de inimigos naturais para controlar as pragas de insectos de cereais armazenados, como o milho, tem muitas vantagens em relação ao controlo químico tradicional, incluindo os inimigos naturais não deixam resíduos químicos nocivos, têm geralmente um risco particularmente baixo de efeito tóxico sobre os mamíferos e, por conseguinte, sobre o consumidor final (Hagstrum *et al,* 2012), algumas técnicas estão atualmente isentas de grande parte dos custos de registo necessários para a utilização de novos pesticidas químicos (Golob *et al,* 2002), quando libertados numa instalação de armazenamento, continuam a reproduzir-se enquanto houver hospedeiros disponíveis e as condições ambientais forem adequadas e, ao contrário dos produtos químicos que têm de ser aplicados numa vasta área, os inimigos naturais podem ser libertados num único local (Hagstrum *et al.,* 2012). O desenvolvimento de resistência é também considerado mais lento do que o dos agentes químicos (Cox e Wilkin, 1996). As suas principais desvantagens, no entanto, são que requer mais informação e um calendário preciso em comparação com os insecticidas químicos, muitos insectos benéficos são específicos do hospedeiro, o que significa que é necessário libertar o complexo de parasitóides certo para atacar os insectos pragas, e o momento da libertação também é crítico. Para que este método seja eficaz, as libertações têm de ser feitas suficientemente cedo no ciclo de crescimento da praga para que os parasitóides adultos superem em número as pragas (Hagstrum *et al.,* 2012). Além disso, as suas técnicas raramente eliminam as pragas (não causam danos); os seus próprios agentes de controlo constituem frequentemente um resíduo adicional indesejável num produto; geralmente, a utilização das suas técnicas de controlo requer uma gestão intensiva, exigindo a monitorização das populações para obter os melhores resultados, e a sua ação é frequentemente relativamente lenta (Cox e Wilkin, 1996). Além disso, a eficácia de muitos tipos de insecticidas microbianos é reduzida pelo calor, pela dessecação ou pela exposição à luz UV. Por conseguinte, o momento e os procedimentos de aplicação adequados são particularmente importantes para alguns produtos (Abd El-Aziz, 2011). Os agentes biológicos têm uma disponibilidade comercial limitada e são proibitivamente caros, exceto talvez quando utilizados na produção biológica (Weaver e Petroff, 2004). Também têm um alcance limitado no controlo de pragas de grãos armazenados, mas estão a tornar-se uma parte cada vez mais importante de uma abordagem de gestão integrada de pragas (Shankar e Abrol, 2012).

6. Métodos de controlo baseados em semioquímicos

Os semioquímicos, de semeion (grego) ou sinal, podem ser definidos como substâncias químicas emitidas por organismos vivos (plantas, insectos, etc.) que induzem uma resposta comportamental ou fisiológica noutros indivíduos (Heuskin *et al.*, 2011). Podem também referir-se a substâncias químicas que facilitam as interacções entre organismos (Nordlund, 1981). Dividem-se em dois grandes grupos de acordo com o tipo de comportamento que medeiam (com base no seu efeito): feromonas que medeiam interacções entre indivíduos da mesma espécie (interacções intraespecíficas) e aleloquímicos que medeiam interacções entre indivíduos de uma espécie diferente (interacções interespecíficas) (Cork, 2004). Cada um destes grupos pode ser subdividido em diferentes categorias: substâncias aleloquímicas, como as alomonas (que beneficiam o emissor e prejudicam o recetor), as kairomonas (que beneficiam o recetor e prejudicam o emissor), as sinomonas (que beneficiam tanto o emissor como o recetor), e as feromonas, como as feromonas sexuais, as feromonas de alarme, as feromonas epidéticas ou de agregação (Dent, 2000), e as feromonas de rastreio (Heuskin *et al.*, 2011). A feromona sexual refere-se a uma substância geralmente produzida pela fêmea para atrair os machos para o acasalamento. A feromona de agregação, por outro lado, refere-se a uma substância produzida por um ou ambos os sexos que reúne ambos os sexos para alimentação e reprodução. Mas a feromona de alarme é uma substância produzida por um inseto para repelir e dispersar outros insectos na área e é geralmente libertada por um indivíduo quando é atacado (Dent, 2000). Além disso, como indicado por Heuskin *et al.* (2011), as feromonas de rasto representam uma substância presente nas colónias sociais para indicar o rasto a seguir quando os insectos batedores localizam recursos alimentares.

Em geral, a investigação demonstrou que foram identificadas feromonas e outros semioquímicos atractivos para cerca de 40 espécies de insectos de produtos armazenados nas últimas quatro décadas (Trematerra, 2012). Além disso, foram identificadas feromonas para todas as principais pragas de produtos armazenados (Scholler *et al.*, 1997). No entanto, as armadilhas e iscas de feromonas estão disponíveis comercialmente apenas para as principais pragas, ou seja, estão disponíveis comercialmente feromonas para cerca de 20 espécies de insectos de produtos armazenados sob a forma de formulações de libertação lenta de iscas para utilização em armadilhas de monitorização. Entre estas feromonas, as mais utilizadas são as da traça-das-farinhas-da-índia *(Plodia interpunctella)*, do escaravelho-dos-cigarros *(Lasioderma serricorne)*, do escaravelho-dos-armazéns *(Trogoderma variabile)* e dos escaravelhos-vermelhos e confusos da farinha (Phillips e Throne, 2010). As feromonas de algumas destas espécies também atraem espécies estreitamente relacionadas. Por exemplo, a feromona da traça indiana da farinha atrai outras traças de armazenagem, como a traça da amêndoa *(Cadra cautella)* e a traça mediterrânica da farinha *(Ephestia kuehniella)*, enquanto a feromona do escaravelho de armazenagem atrai outros escaravelhos do género *Trogoderma* (Hui *et al.*, 2002). Por conseguinte, os semioquímicos foram tidos em consideração, uma vez que têm um potencial considerável no controlo de pragas. Para além dos factos acima referidos, são considerados relativamente mais seguros e mais aceitáveis para o ambiente (uma vez que ocorrem naturalmente), são específicos, têm baixa toxicidade aguda para os mamíferos e são geralmente produtos químicos voláteis que não deixam resíduos nocivos. Como resultado, há um interesse crescente na pesquisa e no desenvolvimento de métodos de manejo de insetos-praga agrícolas baseados em semioquímicos. Tal como referido por Trematerra (2012), os semioquímicos, em particular as feromonas, podem ser utilizados no controlo de pragas de produtos armazenados, incluindo cereais armazenados como o milho, para monitorizar as populações e/ou em estratégias de controlo direto para reduzir as populações através de armadilhas em massa, isco e morte e/ou perturbação do acasalamento. Consequentemente, foram feitos progressos consideráveis na monitorização e no controlo direto de insectos de produtos armazenados, principalmente Lepidoptera e Coleoptera, utilizando feromonas (Cox, 2004). No entanto, atualmente, as feromonas são geralmente utilizadas em armadilhas como instrumentos de deteção e monitorização e não para controlo. Assim, a utilização predominante das feromonas para insectos de produtos armazenados continua a ser como instrumentos de monitorização e deteção, embora a investigação continue a estudar métodos de aplicação de feromonas para fins de controlo (Subramanyam e Hagstrum, 2000).

4.7. Reguladores de crescimento dos insectos (IGR)

Os reguladores de crescimento dos insectos (GIR) são substâncias que perturbam o processo de desenvolvimento dos insectos, afectando a muda, ou que perturbam a formação do exoesqueleto, interferindo com a síntese de quitina (Hodges e Farrell, 2004). Os RGI afectam a biologia dos insectos-praga tratados, por exemplo, o desenvolvimento embrionário e pós-embrionário, a reprodução, o comportamento alimentar e, consequentemente, a mortalidade (Talukder, 2009). [th]Em geral, os efeitos dos RGI incluem a interferência na embriogénese, seguida de morte, em doses de RGI de cerca de 1/1000 do valor dos ovicidas convencionais; o desenvolvimento anormal do tegumento nas fases pós-embrionárias, levando à incapacidade de fazer a muda de forma adequada e a uma função sensorial prejudicada (daí a incapacidade de localizar alimentos, companheiros, locais de oviposição, etc.); a metamorfose incorrecta do embrião e das fases pós-embrionárias, levando à incapacidade de fazer a muda de forma adequada e a uma função sensorial prejudicada (daí a incapacidade de localizar alimentos, companheiros, locais de oviposição, etc.).); metamorfose incorrecta dos órgãos internos ou da genitália externa, que conduz à esterilidade e/ou incapacidade de acasalamento; interferência na diapausa, de modo que o inseto se torna inadequado para a estação (Gillott, 2005).

Os GGRs foram estudados para controlar as pragas de insectos de cereais armazenados, como o milho (Chakraverty *et al.*, 2003). Como resultado, verificou-se que são relativamente mais eficazes contra vários meses e escaravelhos de grãos armazenados, incluindo o milho (Upadhyay e Ahmad, 2011). Há três grupos de RGI que se distinguem de acordo com o seu modo de ação e que foram considerados adequados para utilização no controlo de pragas, incluindo em grãos armazenados. Trata-se de mímicos da hormona juvenil, agonistas de ecdisteróides e inibidores da síntese de quitina (Capinera, 2008). Por exemplo, foram desenvolvidos análogos sintéticos da hormona juvenil conhecidos como JHAs (piriproxifeno, metopreno e fenoxicarbe) que produzem anomalias graves e morte prematura nos insectos tratados. Além disso, os agonistas de ecdisteróides (tebufenozida e metoxifenozida) revelaram-se altamente eficazes contra *Plodia interpunctella* (Golob *et al.,* 2002). Além disso, foram sintetizados inibidores da síntese de quitina que afectam o processo de muda durante o desenvolvimento dos insectos e incluem o clorfluazurão (atualmente o mais ativo), o teflubenzurão, o hexafl umurão, o flufenoxurão, o triflumurão e o diflubenzurão. Foi comunicado que afectam o controlo enzimático da produção de quitina, interferindo com a quitina sintetase, e que têm atividade ovicida, impedindo a eclosão de larvas completamente desenvolvidas dos ovos. Também foram relatados como sendo muito mais estáveis, oferecendo proteção aos grãos armazenados durante até dois anos (Golob *et al.,* 2002). No entanto, embora tenham sido avaliados em laboratório, a sua utilização para proteger os cereais armazenados ainda não foi autorizada (Chakraverty *et al.,* 2003). No entanto, os GIR recentemente utilizados em sistemas de produtos armazenados nos EUA e noutros países incluem análogos de hormonas juvenis de insectos, metopreno, hidropreno e piriproxifena (Phillips e Throne, 2010). Estes GIRs são atualmente rotulados nos EUA como tratamentos gerais de superfície para o controlo de insectos de produtos armazenados (Hagstrum *et al.,* 2012). Além disso, estes GIR não são diretamente tóxicos para os adultos (Phillips e Throne, 2010), ou seja, não provocam a mortalidade dos progenitores adultos, mas sim malformações durante o desenvolvimento larvar, de modo que os adultos da primeira geração não emergem ou morrem rapidamente (Hodges e Farrell, 2004). Como resultado, não são eficazes no controlo de insectos adultos (Hagstrum *et al.,* 2012). Por conseguinte, demonstraram ser mais eficazes contra espécies cujas larvas se desenvolvem na superfície do produto, como *Tribolium* spp, do que contra larvas que se alimentam a partir do interior, como as de *Sitophilus* spp (Golob *et al.,* 2002).

A investigação demonstrou que a utilização de RGI para a proteção de grãos armazenados, como o milho, tem vantagens, incluindo a sua baixa toxicidade para o ambiente e a sua especificidade apenas para os insectos-alvo. Além disso, têm uma toxicidade mínima para os mamíferos e para os predadores e parasitóides benéficos (Ayalew, 2011), e um elevado nível de segurança alimentar (Phillips e Throne, 2010). No entanto, ao contrário dos insecticidas convencionais, não têm um efeito rápido (Talukder, 2009). Por vezes, a sua aplicação prolonga o período larvar, pelo que as larvas podem continuar a alimentar-se durante algum tempo antes de serem destruídas. Consequentemente, os GINs são menos úteis contra as larvas de pragas de crescimento rápido, uma vez que demoram algum tempo a fazer efeito (Gillott, 2005). Além disso, também se registou o desenvolvimento de resistência dos insectos a alguns deles, nomeadamente ao metopreno e ao diflubenzurão, e pensou-se recentemente que a resistência à maioria destes GIN é conferida pelo aumento das barreiras à absorção dos produtos químicos e, possivelmente, pelo aumento do metabolismo dos compostos que entram no organismo (Golob *et al.*, 2002). Além disso, a literatura refere exemplos de resistência cruzada a análogos de hormonas juvenis em insectos resistentes a insecticidas convencionais (Gillott, 2005). Por conseguinte, apesar da sua segurança e eficácia, não foram amplamente adoptados para a gestão de cereais armazenados em comparação com os insecticidas de contacto residuais convencionais, provavelmente devido ao seu custo e à falta de destruição imediata (Phillips e Throne, 2010).

4.8. Gestão integrada das pragas (IPM)

O Manejo Integrado de Pragas (MIP) foi definido como um sistema de manejo de pragas que leva em conta o meio ambiente, a dinâmica da população de pragas e utiliza todas as técnicas e métodos apropriados da forma mais compatível possível para manter a população de pragas abaixo de níveis que causariam danos econômicos (Capinera, 2008). A Gestão Integrada das Pragas (GIP) foi também definida como uma abordagem sistemática e abrangente da proteção dos produtos de base que se centra no aumento da informação para melhorar a tomada de decisões, a fim de reduzir os factores de produção adquiridos e minimizar as consequências sociais, económicas e ambientais (Trematerra, 1997). Há três fases no desenvolvimento de uma estratégia de GIP: definição do problema, investigação e implementação, sendo a primeira a mais importante. Para ser eficaz, requer uma quantidade máxima de informação, não só sobre o agro-ecossistema, em particular o ecossistema de armazenagem de cereais, mas também sobre o quadro socioeconómico do sistema agrícola (sistema de armazenagem) em que surge o problema dos insectos-praga. Por conseguinte, é necessária a colaboração entre peritos de uma vasta gama de disciplinas (Golob *et al.*, 2002). Além disso, os factores cruciais para a gestão integrada de produtos armazenados incluem a compreensão dos factores que regulam os sistemas, a monitorização das populações de insectos, a manutenção de bons registos e a utilização desta informação para tomar decisões de gestão sólidas (Adler *et al.*, 2002). Uma GIP bem sucedida requer também um conhecimento profundo da biologia dos insectos-praga, dos seus inimigos naturais e da cultura ou grão, para permitir a utilização racional de uma variedade de técnicas de cultivo e de controlo em diferentes circunstâncias (Gullan e Cranston, 2010).

O MIP dá prioridade a medidas de controlo não químicas e utiliza controlos químicos apenas quando é pouco provável que outras opções proporcionem uma proteção suficiente dos cereais armazenados, como o milho, contra as pragas de insectos (nas estratégias de MIP, o controlo químico é utilizado como último recurso para controlar as pragas de insectos) (http://www.carana.com/about-us7715-storage-handbook-takes-aim-at-staple-crop-losse, acedido em 17/8/2016). De um modo geral, do ponto de vista ecológico e económico, a GIP baseia-se no conceito de Nível de Prejuízo Económico

(NIE), o que implica que as medidas de gestão só são tomadas quando as perdas potenciais devido a infestações de pragas excedem os custos das estratégias de controlo disponíveis (Stejskal, 2003). Ou só são tomadas quando a amostragem indica que as densidades de insectos excederam o EIL (Savoldelli e Trematerr, 2011). Assim, o uso criterioso de insecticidas químicos após a tomada de decisões com base no conhecimento é fortemente defendido na GIP (Phillips e Throne, 2010). Assim, a GIP conduz a uma redução do uso de insecticidas e, consequentemente, limita as possibilidades de desenvolvimento de resistência por parte dos insectos pragas e os perigos daí resultantes para os consumidores, o pessoal de controlo de pragas e o ambiente (Golob *et al.*, 2002). Por conseguinte, nos sistemas agrícolas tropicais, incluindo a Etiópia, onde os pesticidas são cada vez mais caros e representam riscos para os agricultores, os consumidores e o ambiente, a redução da utilização de pesticidas através da GIP tem muitos benefícios económicos, sociais e ambientais (http://www.carana.com/about-us/ 715-storage-handbook- takes-aim-at-staple-crop-losse, acedido em 17/8/2016).

Como resultado, a proteção integrada tornou-se cada vez mais aceite e importante (Capinera, 2008). Além disso, é vista como a melhor opção para o futuro, uma vez que garante os rendimentos, reduz os custos, é amiga do ambiente e contribui para a sustentabilidade da agricultura (Dent, 2000). No entanto, a gestão integrada das pragas tem sido muito menos desenvolvida para a proteção dos cereais armazenados, embora tenha sido bem desenvolvida para a proteção das culturas antes da colheita (Golob *et al.*, 2002). Consequentemente, o desenvolvimento e a aplicação de estratégias de proteção integrada

para as pragas de insectos do milho nos armazéns tradicionais dos pequenos agricultores em África exigirá, sem dúvida, um grande esforço de investigação e extensão por parte das agências e investigadores nacionais e internacionais (Dick, 1988).

5. Conclusões e recomendações

5.1. Conclusão

A análise deste seminário leva às seguintes conclusões:

A infestação de cereais, como o milho, por pragas de insectos durante o armazenamento, e os danos e perdas daí resultantes, é uma grande ameaça à segurança alimentar não só em África, mas em todo o mundo. Consequentemente, as perdas pós-colheita de milho e outros cereais devido a pragas de insectos durante a armazenagem são reconhecidas como um dos principais constrangimentos à segurança alimentar entre os agricultores pobres em África, incluindo a Etiópia. Por conseguinte, o armazenamento seguro de cereais como o milho é muito importante, pois tem um impacto direto na redução da pobreza, na segurança alimentar e dos rendimentos e na prosperidade dos pequenos agricultores.

Os pesticidas sintéticos têm sido utilizados pela maioria dos pequenos agricultores em muitas partes de África para proteger os cereais, como o milho, das pragas de insectos de armazenamento. Mas, ao longo dos anos, têm sido associadas características negativas à sua utilização. Estas situações inspiraram, portanto, a procura de métodos de controlo alternativos seguros, eficazes, específicos para cada praga e rentáveis, incluindo pós inertes, produtos botânicos, resistência varietal, controlo biológico e outros. Consequentemente, nos últimos anos, as possibilidades bio-racionais supramencionadas e outros métodos seguros, eficazes e económicos têm vindo a ser utilizados no âmbito da gestão integrada das pragas dos cereais armazenados, como o milho, em alternativa aos pesticidas químicos.

5.2. Recomendação

Este seminário centra-se principalmente na importância do milho, nas suas condições de armazenamento, nas pragas de insectos associadas e nas suas opções de gestão. Por conseguinte, os investigadores e outras organizações relevantes devem realizar mais estudos sobre a importância de outros cereais armazenados, as suas condições de armazenamento, as pragas de insectos associadas e as opções de gestão. Além disso, é necessário realizar mais estudos sobre práticas de manuseamento seguras e mais opções de gestão para as pragas de insectos de armazenagem. Além disso, devem ser realizados estudos sobre a importância económica de outros agentes destrutivos e as suas opções de gestão.

6. Referências

Abalu, G. I. (1999). Questões de política na investigação e desenvolvimento do milho na África subsariana no próximo milénio. **In**: Apraku, B., Fakorede. M. A. B., Ouedrago, M. e Carsky, R. J (Eds.). Impacto, desafios e perspectivas da investigação e desenvolvimento do milho na África Ocidental e Central. Actas de um seminário regional sobre o milho. IITA - COTONOU, República do Benim. pp. 3-30.

Abate, T., Shiferaw, B., Menkir, A., Wegary, D., Kebede, Y., Tesfaye, K., Kassie, M. Bogale, G., Tadesse, B., & Keno, T. (2015). Factores que transformaram a produtividade do milho na Etiópia. *Food Sec.* **7**: 965-981. DOI 10.1007/s12571-015-0488-z.

Abd EL-Aziz, S. E. (2011). Estratégias de gestão de pragas para produtos armazenados. *J. Entomo.* **8**: 101-122

Abebe, F., Tefera, A., Mugo, S., Beyene, Y. e Vidal, S. (2009). Resistência das variedades de milho ao gorgulho do milho *(Sitophilus zeamais). Afric. J. Biotec.* **8**: 5937-5943.

Adams, J. M. e Schulter, G. M. (1978). Perdas causadas por insectos, ácaros e microrganismos. **Em**: Harris K. L. e Lindblad C. G. (Eds.). *Postharvest grain loss assessment methods.* Associação Americana de Químicos de Cereais, Nova Iorque. pp. 83-95.

Adler, C., Navarro, S., Scholle, M. e Stengard-Hansen, L. (2002). Proteção integrada dos produtos armazenados. *IOBCBulleti.* **25**: 9-14.

Ahmed, B. I. (2005). Tecnologias de armazenamento para as principais culturas de leguminosas e cereais. Documento (não publicado) apresentado na reunião mensal de revisão tecnológica do Programa de Desenvolvimento Agrícola do Estado de Bauchi. pp.15.

Ahmed, B. I. e Yusuf, A. U. (2007). Resistência hospedeiro-planta: uma estratégia viável, não química e amiga do ambiente para controlar as pragas de produtos armazenados - uma revisão. *Emir. J. Food Agricul.* **19**: 1-12.

Ahmed, S. e Raza, A. (2010). Antibiose das características físicas dos grãos de milho para *Sitotroga cerealella* (Oliv.) (Gelechiidae: Lepidoptera) num teste de escolha livre. *Pak. J. life soc. Scie.* **8**: 142147.

Arthur, F. H. (1997). Protectores de grãos: situação atual e perspectivas para o futuro. *J. stor. Prod. Research.* **32**: 293-302.

Ashamo, M. O. (2001). Resistência varietal ao gorgulho do milho, *Sitophilus zeamais* Motsch (Coleoptera: Curculionidae). *J. Plant Diseas. and Protect.* **108** : 314-319.

Ayalew, G. (2011). Efeito do regulador de crescimento de insectos novaluron na traça-das-crucíferas, *Plutella xylostella* L. (Lepidoptera: Plutellidae) e nos seus parasitóides nativos. *Crop Protec.* **30** : 10871090.

Banks, H. J. e Fields, J. B. (1995). Métodos físicos de controlo de insectos em ecossistemas de grãos armazenados. **Em**: Jayas, D. S., White N. D. G. e Muir, W. E. (Eds.). *Stored gain ecosystem.* Marcel Dekker, Nova Iorque, pp: 353-409.

Belmain, S. R. e Stevenson, P. C. (2001). Ethnobotanicals in Ghana: reviving and modernizing age-old farmer practice. *Pestic Outloo.* **12** : 233-238.

Belmain, S. R., Amoah, B. A., Nyirenda, S. P., Kamanula, J. F. e Stevenson, P. C. (2012). Eficácia altamente variável do controlo de insectos dos quimiotipos de *Tephrosia vogelii*. *J. Agricul. and Food Chemis.* **60**: 10055-10063.

Boyer, S., Zhang, H., e Lempdriere, G. (2012). Revisão dos métodos de controlo e mecanismos de resistência de insectos de produtos armazenados. *Bullet. Entomolog. Research.* **102**: 213-229.

Brown, R. L., Cleveland, T. E., Payne, G. A., Woloshuk, C. P., Campbell, K. W. e White, D. G. (1995). Determinação da resistência à produção de aflatoxinas em grãos de milho e deteção da colonização fúngica utilizando um transformado *de Aspergillus flavus* que exprime *Escherichia coli fi-glucuronidase. Phytopathol.* **85**: 983-989.

Buda, V. e Peciulyte, D. (2008). Patogenicidade de quatro espécies de fungos para a traça indiana *Plodia interpunctella* (Hubner) (Lepidoptera: Pyralidae). *Ekologij.* **54**: 265-270.

Byerlee, D. e Eicher, C. K. (1997). *Africa's emerging maize revolution.* Lynne Rienner publishers, Boulder, Colorado.

Capinera, J. L. (Ed.). (2008). *Enciclopédia de Entomologia.* 2 [nd]Edição. Departamento de Entomologia e Nematologia, Universidade da Flórida. pp. 4411.

Chakraverty, A., Mujumdar, A. S., Raghavan, G. S. e Ramaswamy, V. H. S. (2003). *Handbook of post-harvest technology.* Cereais, frutas, legumes, chá e especiarias. Marcel Dekker, Inc. Nova Iorque. pp. 907.

Chigoverah, A. A. 1, Mvumi, B. M. Kebede, A. T., & Tefera, T. (2014). Efeito das instalações herméticas na infestação de insectos do milho armazenado e na qualidade dos grãos. [th]11 conferência internacional de trabalho sobre proteção de produtos armazenados. Departamento de Ciência do Solo e Engenharia Agrícola, Faculdade de Agricultura, Universidade do Zimbabué. pp. 1-12. DOI : 10.14455/DOA.res.2014.62.

Chimoya, I. A. e Abdullahi, G. (2011). Composição de espécies e abundância relativa de pragas de insectos associadas a grãos de cereais seleccionados armazenados em mercados seleccionados na área metropolitana de Maiduguri. *J. Americ. Sci.* **7**: 355-358.

Chomchalow, N. (2003). Proteção dos produtos armazenados, com especial referência à Tailândia. *AU. J. T.* **7**: 31-47.

Cork, A. (2004). A Pheromone manual. Natural Resource Institute, Chatham Maritime ME4 4TB, Reino Unido.

Cox, P. D. (2004). Utilização potencial de semioquímicos para proteger os produtos armazenados da infestação de insectos. *J. Stored Prod. Res.* **40**: 1-25.

Cox, P. D. e Wilkin, D. R. (1996). The potential use of biological control of stored grain pests. Home Grown Cereals Authority Research Review, 36, HGCA, Londres, Reino Unido.

Daglish, G. J., Nayak, M. K. e Pavic, H. (2014). Resistência à fosfina em *Sitophilus oryzae* (L.) do leste da Austrália: herança, aptidão e prevalência. *J. Stor. Prod. Research.* **59**: 237244.

Dejene, M. (2004). Métodos de armazenamento de grãos e os seus efeitos na qualidade do grão de sorgo em Hararghe, Etiópia. Departamento de Ecologia e Ciências da Produção Vegetal, tese de doutoramento, Universidade Sueca de Ciências Agrícolas.

Demeke, M., Dawe, D. e Bell, W. (2012). Analysis of incentives and disincentives for maize in Ethiopia (Análise de incentivos e desincentivos para o milho na Etiópia). Série de notas técnicas, MAFAP, FAO, Roma.

Demissie, G., Tefera, T. e Tadesse, A. (2008). Eficácia de Silicosec, torta de filtro e cinzas de madeira contra o gorgulho do milho, *Sitophilus zeamais* Motschulsky (Coleoptera: Curculionidae) em três genótipos de milho. *J. Stor. Prod. Research.* **44**: 227-231.

Dent, D. (Ed.). (2000). *Controlo das pragas de insectos.* 2 ^ndEdição. CABI Bioscience.UK Centre Ascot UK. pp. 425.

Dick, K. (1988). Uma revisão da infestação por insectos do milho armazenado nas explorações agrícolas em África, com especial referência à ecologia e controlo de *Prostephanus truncatus* (Boletim NRI 18). (Documento de trabalho).

Dubey, N. K. (Ed.). (2011). *Produtos naturais na gestão de pragas de plantas.* Walling ford: CAB International.

Dubey, N. K. Srivastava, B. e Kumar, A. (2008). Situação atual dos produtos vegetais como pesticidas botânicos na gestão das pragas de armazenagem. *J. Biopestici.* **1** : 182-186.

FAOSTAT (2010). Organização das Nações Unidas para a Alimentação e a Agricultura (base de dados estatísticos da FAO), extraído de http: //faostat.fao.org. consultado em 13/2/2013.

Organização das Nações Unidas para a Alimentação e a Agricultura (FAO) (1999). A utilização de espécies e plantas medicinais como protectores bioactivos dos cereais. Boletim dos Serviços Agrícolas da FAO n.º 137. ONU, Roma.

Organização das Nações Unidas para a Alimentação e a Agricultura (FAO) (2009). Como alimentar o mundo em 2050. Roma: FAO. Disponível em: http://www.fao.org/fileadmin/templates/wsfs/docs/expert paper /How to feed the world in 2050.pdf (verificado em 23 de setembro de 2010).

Gabriel, A. H. e Hundie, B. (2006). Farmers' post-harvest grain management choices under liquidity constraints and impending risks: implications for achieving food security objectives in Ethiopia. Investigação realizada no âmbito do Programa de Bolsas de Investigação Competitiva do Instituto Internacional de Investigação sobre Políticas Alimentares (IFPRI) da Rede Visão 2020 para a África Oriental, Departamento de Economia, Escola da Função Pública da Etiópia.

Garcia-Lara, S., Arnason, J. T., Diaz-Pontones, D., Gonzalez, E. e Bergvinson, D. (2007). Atividade da peroxidase solúvel no endosperma do milho associada à resistência do gorgulho do milho. *Crop Scie.* **47** : 1125-1130.

Getu, E, e Gebre-Amlak, A. (1995). Resposta de algumas variedades de milho à broca do milho de Angoumois, *Siti troga cerealella* (Olivier). **Em**: Eshetu, B., Abdurahman, A. e Aynekulu, Y. (Eds.). Actas da terceira conferência anual da Sociedade de Proteção das Culturas da Etiópia. pp.18-19.

Getu, E. (1999). Utilização de plantas botânicas no controlo de pragas de insectos do milho armazenado na Etiópia. **In**: Maize production technology for the future : challenge and opportunities : proceedings of the sixth eastern and southern Africa regional maize conference, 21 - 25 September 1998, Addis Ababa, Ethiopia. pp. 105 -108.

Getu, E. (1993). Estudos sobre a distribuição e o controlo da broca do cereal de Angoumois, *Sitotroga cerealella*, na região administrativa de Sidama. Tese de Mestrado, Universidade de Agricultura de Alemaya, Alemaya, Etiópia.

Getu, E. e Abate, T. (1999). Gestão da broca do caule do milho utilizando a data de sementeira em *Arsi-Negele Pes. Man. J. Ethio.* **3** : 47-51.

Gianessi, L. P. (2014). Importância dos pesticidas para o cultivo de milho na África subsaariana.

Estudo de caso internacional sobre os benefícios dos pesticidas 104. Fundação Crop Life.

Gillott, C. (Ed.). (2005). *Entomologia. 3* rdEdição. Springer, Países Baixos. pp. 834.

Gitonga, Z., De Groote, H., & Tefera, T. (2015). Tecnologia de armazenamento de grãos em silo metálico e segurança alimentar das famílias no Quénia. *J. Develop. and Agricult. Econo.* **7** : 222-230.

Golob, P. (1997). Situação atual e perspectivas futuras das poeiras inertes para o controlo de insectos em produtos armazenados. *J. Econ. Entomolo.* **33** : 69-79.

Golob, P., Farrell, G. e Orchard, J. E. (Eds.). (2002). *Crop post-harvest: science and technology.* Volume 1. Principles and practice. Blackwell science Ltd, uma publicação Blackwell, EUA. pp. 577.

Govender, V. Aveling, T. A. S. e Kritzinger, Q. (2008). O efeito dos métodos tradicionais de armazenamento na germinação e vigor do milho (*Zea mays* L.) do norte de KwaZulu-Natal e do sul de Moçambique. Departamento de Microbiologia e Patologia Vegetal, Universidade de Pretória, Pretória, África do Sul.

Gu, H., Edwards, O. R., Hardy, A. T. e Fitt, G. P. (2008). Resistência de plantas hospedeiras em culturas de cereais e perspectivas para a gestão de pragas de invertebrados na Austrália: uma visão geral. *Austral. J. Experim. Agricultu.* **48**: 1543-1548.

Guleria, S. e Tiku, A. K. (2009). Botânicos na gestão de pragas: estado atual e perspectivas futuras. **Em**: Peshin, R. e Dhawan A. K. (Eds.). *Integrated Pest Management: innovation-development-process.* pp. 317-328. DOI 10.1007/978-1-4020-8992-3 12.

Gullan, P. J. e Cranston, P. S. (Ed.). (2010). *Insectos: uma visão geral da entomologia. 4* thedição. Department of Entomology, University of California, Davis, USA e School of Biological Research, Australian National University, Canberra, Australia. Uma publicação de John Wiley-Blackwell, Wiley and Sons, Ltd, pp. 590.

Hagstrum, D. W., Klejdysz, T. Z., Subramanyam, Bh. e Nawrot, J. (2013). Atlas de insectos e ácaros em produtos armazenados. Am. Assn. Cereal Chem. (AACC) Int, St. Paul, Minnesota, EUA. pp. 599.

Hagstrum, D. W. e Flinn, P. W. (2014). Gestão moderna de pragas de insetos de produtos armazenados. *J. Plant Protect. Research.* **54**: 1-6. DOI : 10.2478/jppr-2014-0031.

Hagstrum, D. W., Phillips, T. W. e Cuperus, G. (2012). *Proteção de produtos armazenados.* Universidade do Estado do Kansas, Investigação e Extensão do Estado do Kansas. pp. 358.

Harish, G., Nataraja, M.V., Ajay, B. C., Holajjer, P., Savaliya, S. D. e Gedia, M. V. (2013). Eficácia comparativa de sacos de armazenamento, capacidade de armazenamento e potencial de danos do besouro bruquídeo. *J. Food Scie. Technol.* **51** : 4047-4053.

Hertlein, M. B., Thompson, G. D., Subramanyam, B. e Athanassiou, C. (2011) Spinosad: Um novo produto natural Resistência de insectos de produtos armazenados a insecticidas para proteção de grãos armazenados. *J. Stored Prod. Res.* **47**: 131-146.

Heuskin, S., Verheggen, F. J., Haubruge, E., Wathelet, J. e Lognay, G. (2011). A utilização de dispositivos semioquímicos de libertação lenta em estratégias de gestão integrada de pragas. *Biotechnol. Agron. Soc. Environ.* **15** : 459-470.

Hodges, R. e Farrell, G. (2004). *Crop Post-Harvest: Science and Technology.* Volume 2. Durables: case studies in the handling and storage of durable commodities. Blackwell Publishing Company, EUA. pp. 293.

http://www.fastonline.org consultado em 14/04/2016.

http://www.carana.com/about-us/.../715-storage-handbook-takes-aim-at-staple-crop-losse consultado em 17/8/2016.

http://www.pesticides.montana.edu/reference/documents/FumSeed.pdf consultado em 25/4/2016.

http://www.acdivoca.org/sites/default/files/attach/Storage Hand book.pdf acedido em 16/4/2016.

http://www.agrometeorology.org/files-folder/chapter13C_gamp.pdf consultado em 13/2/ 2016.

https://www.extension.entm.purdue.edu/publications/E-66.pdf consultado em 21/5/2016.

Huang, C. L. (2006). O milho e a graça: O encontro de África com uma nova cultura global, 1500-2000. *Amer. J. Agricult. Econom.* **88**: 1117-1119.

Hui, Y. H., Bruinsma, B. L., Gorham, J. R., Nip, W. Tong, P. S. e Ventresca, P. (Eds.). (2002). *Food Plant Sanitation.* Marcel Dekker, Inc, USA. pp.194.

Isman, M. B. (2008). Uma perspetiva dos insecticidas botânicos: para os mais ricos, para os mais pobres. *Pest Manag. Scie.* **64**: 8-11.

Jacobson, M. (1982). Plantas, insectos e homem, a sua inter-relação. *Econo. Bot.* **36**: 346-354.

Jayas, D. S. (2012). Armazenamento de grãos para segurança alimentar e sustentabilidade. *Agric. Res.* **1**: 21-24.

Jayas, D. S. e White, N. D. G. (2003). Armazenamento e secagem de grãos no Canadá: abordagens de baixo custo. *Food Contr.* **14**: 255-261.

Jones, M., Alexander, C. e Lowenberg-DeBoer, J. (2011). Uma investigação inicial sobre o potencial dos sacos herméticos purdue improved crop storage (pics) para melhorar os rendimentos dos produtores de milho na África Subsariana. Departamento de Economia Agrícola, Universidade de Purdue, West Lafayette, Indiana. Documento de trabalho n.º 11-3. pp. 44.

Kadjo, D., Ricker-Gilbert, J., Alexander, C., & Tahirou, A. (2013). Efeitos das perdas de armazenamento e práticas de gestão de grãos no armazenamento: evidências da produção de milho no Benim. Documento preparado para apresentação na Reunião Anual Conjunta de 2013 da Associação de Economia Agrícola e Aplicada, AAEA & CAES, Washington, DC.

Kamanula, J., Sileshi, G. W., Belmain, S. R., Sola, P., Mvumi, B. M., Nyirenda, G. K. C, Nyirenda, S. P. e Stevenson, P. C. (2011). Práticas de gestão de pragas dos agricultores e utilização de plantas pesticidas para proteção de milho e feijão armazenados na África Austral. *Internat. J. Pest Manag.* **57**: 41-49.

Kanyamasoro, M. G. Karungil, J., Asea, G. e Gibson, P. (2012). Determinação de grupos heteróticos de linhas consanguíneas de milho e a herança da sua resistência ao gorgulho do milho. *Afric. Crop Scie. J.* **20** : 99 -104.

Kimenju, S. C., De Groote, H. e Hellin, H. (2009). *Preliminary economic analysis: Profitability of using improved storage methods by smallholder farmers in Eastern and Southern African countries* (*Análise económica preliminar: Rentabilidade da utilização de métodos de armazenamento melhorados por pequenos agricultores nos países da África Oriental e Austral*). Centro Internacional de Melhoramento do Milho e do Trigo (CIMMYT). pp. 17.

Komen, J. J., Mutoko C. M., Wanyama J. M., Rono S. C. e Mose L. O. (2006). Economics of post-harvest maize grain losses in Trans Nzoia and Uasin Gishu districts of North West Kenya (Economia das perdas de grãos de milho pós-colheita nos distritos de Trans Nzoia e Uasin Gishu do Noroeste do Quénia). Instituto Agrícola do Quénia, Kitale

Kostyukovsky, M. e Shaaya, E. (2012). Métodos avançados para o controlo de pragas de insectos em alimentos secos. **Em**: Ishaaya, I. e Horowitz, R. (Eds.). *Advanced technologies for managing insect pests*. Dordrecht, Heidelberg, Londres, Nova Iorque: Springer. pp. 279-294.

Kostyukovsky, M., Trostanetsky, A. e Quinn, E. (2016). Novas abordagens para a gestão integrada do armazenamento de grãos. *Israel J. Plant Scie.* **63**: 7-16.

Kumar, D. e Jhariya, A. N. (2013). Importância nutricional, medicinal e económica do milho: uma mini-revisão. *Resea. J. Pharmace. Scie.* **2** : 7-8.

Lale, N. E. S., Zakka, U. e Atijegbe, S. R. (2013). A resposta de diferentes variedades de milho a três gerações de *Sitophilus zeamais* (Motsch.) *Internat. J. Agricul. and Forest.* **3** : 244-248.

Longe, O. O. (2010). Investigações sobre formulações fumigantes de óleo de eucalipto produzido comercialmente e pó *de Eugenia aromatica* para (Motschulsky). *Internat. J. Biologic. Scie.* **2** : 8387.

Macauley, H. (2015). Culturas de cereais: arroz, milho, painço, sorgo, trigo. Documento informativo da Comissão Económica das Nações Unidas para África, Dakar, Senegal.

Mahdneshin, Z., Safaralizadah, M. H. e Ghosta, Y. (2009). Estudo da eficácia de isolados iranianos de *Beauveria bassiana* (balsamo) vuillemin e *Metarhizium anisopliae* (metsch.) sorokin contra *Rhyzopertha dominica* F. (Coleoptera: Bostrichidae). *J. Biol. Sci.* **9**: 170-174.

Mason, L. J. e McDonough, M. (2012). Biologia, comportamento e ecologia de insectos de cereais e leguminosas armazenados. *Stor. prod. protect.* **7**: 1-14.

Mbata, G. N. (1987). Estudos sobre a suscetibilidade de variedades de amendoim à infestação por *Plodia interpunctella* (Hb.) (Lepidoptera: Pyralidae). *J. Stor. Prod. Resear.* **23**: 57-63.

Mbata, G. N. (1997). Proteção não inseticida de leguminosas de grão armazenadas, hoje e amanhã. **In**: Anonymous (Ed.). Integração do controlo biológico e da resistência da planta hospedeira. Actas de um seminário CTA/IAR/IIBC. Addis Ababa, Etiópia, 1995. pp. 99-106.

McCann, J. C. (2005). O milho e a graça: O encontro de África com uma nova cultura mundial, 1500-2000. Cambridge: Harvard University Press.

Mishra, B., Tripathi, S. P. e Tripathi, C. P. M. (2012). Efeito repelente dos óleos essenciais de folhas de *Eucalyptus globulus* (M) e *Ocimum basilicum* (L) contra duas pragas de insectos de grãos armazenados de coleópteros. *Nat. Scie.* **10** : 50-54.

Mitiku, M., Eshete, Y. e Tadesse, A. (2015). Avaliação de variedades de milho para a podridão da espiga *(Fusarium graminearum)* na zona de Omo do Sul da Etiópia. *J. Plan. Scie.* **3** : 212-215. DOI: 10.11648/j.jps.20150304.17.

Mohapatra, D., Kar, A. e Giri, S. K. (2015). Gestão de pragas de insectos em leguminosas armazenadas: uma visão geral. *Food and Bioproc.Technol.* **8**: 239-265.

Mvumi, B. M. e Stathers, T. E. (2003). Os desafios da proteção de cereais na África Subsaariana: o caso da terra de diatomáceas. Food Africa internet based Forum, 31 de março - 11 de abril de 2003. Disponível em http://www.dfid.gov.uk/R4D/ pdf/ outputs/ r8179 challenges of grain protection proceedings.pdf.

Mwololo, J. K., Mugo, S., Okori, P., Tefera, T. e Munyiri, S. W. (2010). Diversidade genética para resistência à broca do grão grande em híbridos de milho e variedades de polinização aberta no Quénia. **In**: *Segunda Reunião Bienal da RUFORUM*. Kampala, Uganda. pp. 535-539.

Mwololo, J. K., Mugo, S., Okori, P., Tefera, T., Otim, M. e Munyiri, S. W. (2012). Fontes de resistência ao gorgulho do milho *Sitophilus zeamais* no milho tropical. *J. Agricultu. Scie.* **4** : 206216.

Nand, V. (2015). Efeito do espaçamento e dos níveis de fertilidade no teor de proteínas e no rendimento do milho híbrido e composto (*Zea mays* L.) cultivado na estação rabi. *IOSR J. of Agri. and Veter. Sci.* **8**: 2631.

Navarajan Paul, A.V. (2007). *Pragas de insectos e sua gestão*. Laboratório de Controlo Biológico, Divisão de Entomologia. Instituto Indiano de Investigação Agrícola, Nova Deli. pp. 68.

Nigussie, M., Mohammed, H., Sebokssa, G., Bogale, G., Beyene, Y., Hailemichael, S., e Hadis, A. (2002). Maize improvement in drought-prone regions of Ethiopia (Melhoramento do milho em regiões da Etiópia propensas à seca). **Em**: Nigussie, M., Tanner, D.G. e Afriyie, T. (Eds.). Actas do segundo seminário nacional sobre o milho na Etiópia. Addis Abeba: Organização de Investigação Agrícola da Etiópia (EARO). pp. 15-26.

Nikkon, F., Habib, M. R., Karim, M. R., Ferdousi, Z., Rahman, M. M. e Haque, M. E. (2009). Atividade inseticida da flor de *Tagetes erecta* L. contra *Tribolium castaneum* (Herbst*). Resear. J. Agricultu. and Biological Scie.* **5** : 748-753.

Nordlund, D. A. (1981) Semiochemicals: a review of terminology. **Em**: Nordlund, D. A., Jones, R. L. e Lewis, W. J. (Eds.). *Semiochemicals, their role in pest control.* John Wiley and Sons, Chichester, Reino Unido. pp. 13-23.

Nukenine, E. N. (2010). A proteção dos produtos armazenados em África: Passado, presente e futuro. [th] 10ª conferência internacional de trabalho sobre a proteção dos produtos armazenados. Ngaoundere, Camarões. DOI : 10.5073/jka.2010.425.1.

Nwankwo, E. N., Egwuatu R. I., Okonkwo, N. J. e Boateng, B. A. (2014). Triagem de dez variedades de milho, zea mays (L.) para resistência contra *Prostephanus truncatus* (Horn) (Coleoptera: Bostrichidae) de diferentes áreas da Nigéria e Gana. *Acad. J. Entomolo.* **7**: 17-26. DOI: 10.5829/idosi.aje.2014.7.1.82402.

Obeng-Ofori, D. (2007). A utilização de produtos botânicos por agricultores pobres em África e na Ásia para a proteção de produtos agrícolas armazenados. *Stewart Posthar. Revie.* **6**: 1-8.

Obeng-Ofori, D. (2008). Gestão de pragas de artrópodes de produtos armazenados. **Em**: Cornelius, E. W. e Obeng-Ofori, D. (Eds.). *Postharvest Science and Technology, faculdade de agricultura e serviços ao consumidor.* Universidade do Gana, Legon, Accra. pp. 92-146.

Obeng-Ofori, D. (2011). Proteger os cereais das infestações de pragas de insectos em África: percepções e práticas dos agricultores. *Stewart Posthar. Revie.* 7: 1-15.

Offor, U. S, Waka, N. S., & Jumbo, D. D. (2014). Métodos locais de controlo de pragas de insectos no estado dos rios das terras ogoni - uma revisão. *Resear.* 6: 73-76.

Ofuya, T. I. e Longe, O. O. (2009). Investigação do efeito fumigante do pó de *Eugenia aromatica* contra *Callosobrunchus maculatus* (Fabricius). *Inter. J. Crop Scie.* 1 : 44-49.

Ogendo, J. O., Deng, A. L., Belmain, S. R., Walker, D. J. e Musandu, A. A. O. (2004). Efeito de materiais vegetais insecticidas, *Lantana camara* L. e *Tephrosia vogelii* hook, nos parâmetros de qualidade do grão de milho armazenado. *J. Food Technol. Afr.* 9: 29-36.

Okoruwa, V. O., Ojo, O. A., Akintola, C. M., Ologhobo, A. D. e Ewete, F. K. (2009). Gestão pós-colheita de cereais, técnicas de armazenamento e utilização de pesticidas pelos agricultores no sudoeste da Nigéria. *J. Econom. and Rural Develop.* 18 : 53-72.

Owusu, E. O., Osafo, W. K. e Nutsukpui, E. R. (2007). Bioactividades de extractos de solventes de madeira de vela, *Zanthoxylum xanthoxyloides* (LAM.) contra duas pragas de insectos de produtos armazenados. *Afr. J. Scie. Technol.* 8 : 17-21.

Pedersen, J. R. e Lee, C. (1996). *Controlo de pragas de produtos armazenados.* Kansas State University, Manhattan. pp. 63.

Phillips, T. W. e Throne, J. E. (2010). Abordagens bio-racionais para a gestão de insectos de produtos armazenados. *Annu. Revi. Entomo.* 155: 375-397.

Phiri, N. A. e Otieno, G. (2008). Gestão das pragas do milho armazenado no Quénia, Malawi e Tanzânia. Relatório de inquérito. Centro ODM da África Oriental e Austral, Nairobi, Quénia. pp. 82.

Proctor, D. L. (Ed.). (1994). *Grain storage techniques: Developments and trends in developing countries.* Vol. 109, FAO Agricultural Services Bulletin No. 109. GASCA - Grupo de Assistência aos Sistemas de Grãos Pós-Colheita. Roma: Organização das Nações Unidas para a Alimentação e a Agricultura, Itália.

Pugazhvendan, S. R., Elumalai, K., Ronald Ross, P. e Soundararajan, M. (2009). Atividade repelente de espécies vegetais seleccionadas *contra Tribolium castaneum. Worl. J. Zool.* 4 : 188-190.

Rajashekar, Y., Bakthavatsalam, N. e Shivanandappa, T. (2012). Botânicos como protetores de grãos. Artigo de revisão. Hindawi Publish. Corporat. Psyche. pp. 1-13. DOI:10.1155/2012/646740.

Ranum, P., Pena-Rosas, J. P. e Garcia-Casal, M. N. (2014). Produção, utilização e consumo mundial de milho. *Ann. N.Y. Acad. Sci.* **1312:** 105-112.

Rosegrant, M. W., Msangi, S., Ringler, C., Sulser, T. B., Zhu, T. e Cline, S. A. (2008). International Model for Agricultural Commodity and Trade Policy Analysis (IMPACT): Descrição do modelo. Instituto Internacional de Investigação sobre Políticas Alimentares: Washington, D.C. Recuperado de http://www.ifpri.org/themes/impact/impact water.pdf acedido em 3/4/ 2013.

Said, P. P. e Pashte, V. V. (2015). Botânicos: o protetor de pragas de grãos armazenados. *Tendências em Biociências.* **8**: 3751-3755.

Santos, J. P., Maia, J. D. G. e Cruz, I. (1990). Danos à germinação de sementes de milho causados pelo gorgulho do milho (*Sitophilus zeamais*) e pela broca do milho de Angoumois (*Sitotroga cerealella*). *Pesquisa Agropecuar. Brasilei.* **25**: 1687-1692.

Sarwar, M. (2013). Desenvolvimento e aprimoramento do manejo integrado de pragas em cereais armazenados. *J. Agric. and Alli. scie. 2:* 16-20.

Savoldelli, S. e Trematerra, P. (2011). Armadilhagem em massa, perturbação do acasalamento e métodos de atração para o controlo de insetos de produtos armazenados: histórias de sucesso e necessidades de investigação. *Stewart Posthar. Review. 3 :* 1-8. DOI : 10.2212/spr.2011.3.7.

Scholler, M., Prozell, S., Al-Kirshi, A. G. e Reichmuth, C. H. (1997). Rumo ao controlo biológico como componente principal da gestão integrada das pragas na proteção dos produtos armazenados. *J. stored Prod. Res.* **33**: 81-97.

Schreinemachers, P. e Tipraqsa, P. (2012). Pesticidas agrícolas e intensificação do uso da terra em países de alto, médio e baixo rendimento. *Food Poli.* **37**: 616-626.

Semple, R. L., Hicks, P. A., e Castermans, A. (2011). *Rumo à gestão integrada de produtos e pragas no armazenamento de cereais.* Um manual de formação para aplicação em sistemas de armazenamento nos trópicos húmidos. pp. 277.

Shafique, M. e Chaudry, M. A. (2007). Sensibilidade dos grãos de milho aos insetos de armazenagem. *Pak. J. Zool.* **39** : 77-81.

Shankar, U. e Abrol, D. P. (2012). 14 Manejo integrado de pragas em grãos armazenados. *Integrated pest management: principles and practice.* Divisão de entomologia, Universidade de Ciências e

Tecnologia Agrícolas de Sher-e-kashmir, Jammu, Índia. pp. 386-407. DOI : 10.1079/9781845938086.0386.

Smalley, E. B. (1989). Identificação de fungos produtores de micotoxinas e condições que levam à contaminação por aflatoxinas de grãos alimentares armazenados. **In**: *Mycotoxin prevention and control in food grains*. http://www.fao.org/docrep/x5036e/x5036E01. htm.

Smith, S. M., Moore, D., Oduor, G. I., Wright, D. J., Chandi, E. A. e Agano, J. O. (2006). Efeito da cinza de madeira e dos conídios de Beauveria bassiana (Balsamo) Vuillemin na mortalidade de *Prostephanus truncatus* (Horn). *J. Stor. Prod. Resear.* **42**: 357-366.

Sola, P., Mvumi, B. M., Ogendo, J. O., Mponda, O. Kamanula , J. F. Nyirenda, S. P., Belmain, S. R. e Stevenson, P. C. (2014). Produção, comércio e mecanismos regulatórios de pesticidas botânicos na África Subsaariana: defendendo os produtos pesticidas à base de plantas. *Food Sec.* DOI 10.1007/s12571-014-0343-7. pp. 1-16.

Sori, W. (2014). Efeito de botânicos seleccionados e práticas locais de armazenamento de sementes em pragas de insectos do milho e saúde das sementes de milho na área de Jimma. *Singapore J. Scient. Resear.* **4**: 19-28.

Sori, W. e Ayana, A. (2012). Pragas de armazenamento de milho e seu status na zona de Jimma, Etiópia. *Afric. J. Agricult. Research.* **7**: 4056-4060.

Srinivasan, G. (2008). Eficácia de alguns óleos vegetais na proteção de sementes contra o escaravelho *Callosobruchus chinensis* L. em ervilha-de-angola. *Pestici. Resear. J.* **20** : 13-15.

Stejskal, V. (2003). Nível de danos económicos e controlo preventivo de pragas. *Anz Schadlingskund.* **76**: 170-172.

Subramanyam, B. e Hagstrum, D. W. (Ed.). (2000). Alternatives to pesticides in stored-product IPM (Alternativas aos pesticidas na gestão integrada de produtos armazenados). Springer science and business media, Nova Iorque. pp. 446.

Subramanyam, Bh., Swanson, C. L., Madamanch N. e Norwood, S. (1994). Eficácia do Inseto, uma nova formulação de terra de diatomáceas, na supressão de várias espécies de insectos de grãos armazenados. **In**: Highley, E., Wright, E. J., Banks, H. J. e Champ B. R. (Eds.). R. (Eds.). [th]Proceedings of the 6 International working conference on stored product protection. Camberra, Austrália. pp. 650-659.

Tabitha, M. N., Hugo, D. e Jonathan, M. N. (2013). Análise comparativa das estruturas de armazenamento de milho no Quénia. [th]Documento preparado para apresentação na 4 Conferência da

Associação Africana de Economistas Agrícolas (AAAE), Tunísia.

Tadesse, A. (1995). Insectos e outros artrópodes registados em milho armazenado na Etiópia Ocidental. *Afr. Crop Sci. J.* **4** : 339-343.

Tadesse, A., Amare, A., Getu, E. e Tefera, T. (2008). Revisão da investigação sobre pragas póscolheita. **In**: Tadesse, A. (Ed.). *Increasing crop production through improved plant protection- volume I.* [th]Actas da 14ª conferência anual da Sociedade de Proteção das Plantas da Etiópia (PPSE), 19-22 de dezembro de 2008. Adis Abeba, Etiópia. pp. 598.

Talukder, F. (2009). Resistência aos pesticidas em insectos de produtos armazenados e gestão alternativa bio-racional: uma breve revisão. *Agricult. e Mari. Scie.* **14** : 9-15.

Talukder, F. A. (2006). Produtos vegetais como potenciais agentes de gestão de insectos de produtos armazenados - Uma pequena revisão. *J. Agri. Sci.* **18**: 17-32.

Talukder, F. A. (1995). Isolamento e caraterização de compostos secundários activos de Pithraj *(Aphanamixis polystachya)* no controlo de insectos pragas de produtos armazenados. Tese de doutoramento. Universidade de Southampton, Reino Unido.

Tefera, T. e Abass, A. (2012). *Improved postharvest technologies for promoting food storage, processing and household nutrition in Tanzania.* Publicado pelo Instituto Internacional de Agricultura Tropical, disponível em http//www.africarising.net. pp. 21.

Tefera, T., Mugo, S. e Likhayo, P. (2011). Efeitos da densidade populacional de insectos e da duração do armazenamento nos danos causados aos grãos e na perda de peso do milho pelo gorgulho do milho *Sitophilus zeamais* e pela broca grande do grão *Prostephanus truncatus*. *Afric. J. Agricult. Research.* **6**: 2249-2254.

Tefera, T., Mugo, S., Tende, R. e Likhayo, P. (2010). *Criação em massa de brocas do caule, gorgulhos do milho e pragas de insectos do milho.* Centro Internacional de Melhoramento do Milho e do Trigo (CIMMYT), Nairobi, Quénia. pp. 44.

Trematerra, P. (1997). Proteção integrada de insectos de produtos armazenados: utilização prática de feromonas. *Anz Schadlingsk Pflanzenschutz Umweltschut.* **70** : 41-44.

Trematerra, P. (2012). Avanços na utilização de feromonas para a proteção de produtos armazenados. *J. Pest Scie.* **85**: 285-299. DOI 10.1007/s10340-011-0407-9.

Udoh, I. O. (2005). Avaliação do potencial de algumas especiarias locais como protectores de grãos armazenados contra o gorgulho do milho *Sitophilus zeamais*. *J. Appl. Sci. andEnvironm. Manag.* **9** :

165-168.

Upadhyay, R. K. e Ahmad, S. (2011). Estratégias de gestão para o controlo de pragas de insectos de cereais armazenados em lojas de agricultores e armazéns públicos. *Worl. J. of Agricult. Scien.* **7**: 527-549.

Wanja, M. S., Stephen, M. N., & Kyalo, M. J. (2015). Mecanismos e níveis de resistência de híbridos, variedades de polinização aberta e locais à broca do caule do milho *Chilo partellus. Internat. Resear. J. Agricu. Scie. et Soi. Scie.* **5** : 81-90.

Weaver, D. K. e Petroff, A. R. (2004). *Pest management for grain storage and fumigation.* Montana State University, Department of Entomology, 333 Leon Johnson Hall, Bozeman, MT. pp. 86.

Weinzierl, R., Henn, T., Koehler, P. G. e Tucker, C. L. (1989). *Microbial insecticides* (Vol. 1295). Serviço de Extensão Cooperativa, Universidade de Illinois em Urbana-Champaign.

Worku, M., Twumasi-Afriyie, S., Wolde, L., Tadesse, B., Demisie G., Bogale, G., Wegary, D. e Prasanna, B. M. (Eds.). (2012). Enfrentar os desafios das alterações climáticas globais e da segurança alimentar através da investigação inovadora do milho. Actas do terceiro seminário nacional sobre o milho na Etiópia. pp. 3-289.

yes I want morebooks!

Buy your books fast and straightforward online - at one of world's fastest growing online book stores! Environmentally sound due to Print-on-Demand technologies.

Buy your books online at
www.morebooks.shop

Compre os seus livros mais rápido e diretamente na internet, em uma das livrarias on-line com o maior crescimento no mundo! Produção que protege o meio ambiente através das tecnologias de impressão sob demanda.

Compre os seus livros on-line em
www.morebooks.shop

Printed by Books on Demand GmbH, Norderstedt / Germany